耐酸陶粒压裂支撑剂研究

NAISUAN TAOLI YALIE ZHICHENGJI YANJIU

吴婷婷　张亚奇　吴伯麟　著

U0257262

中国农业出版社

农村读物出版社

北　京

　　石油作为当今世界的主要能源之一，是关系到国家经济命脉的重要战略物资。随着世界石油工业的迅猛发展，油、气井的深度越来越深，低渗透型矿藏也越来越多。石油、天然气开采难度正在逐步加大，最有效的方法是应用水力压裂、酸化压裂及其复合技术等改造油、气层，从而提高产量。压裂支撑剂作为压裂工艺的一种专用材料，其质量的优劣是确保填砂裂缝导流能力的物质基础，是压裂技术能否获得成功的关键，对石油开采起着至关重要的作用。

　　酸溶解度是判断压裂支撑剂质量优劣的一个重要指标，也是影响陶粒压裂支撑剂合格率的主要指标。石油开采中，利用 HCl/HF 混合酸液来解除泥浆堵塞、提高泥砂岩地层的渗透性，以利于注水或出油。陶粒压裂支撑剂虽然不易被 HCl 侵蚀，但对于按一定比例配制的 HCl/HF 混合酸液，则表现出易侵蚀性。被侵蚀的陶粒表皮粗糙、掉粉，甚至不堪地壳高压而破碎，以致堵塞油、气通道，减弱导流能力。所以，在深达几千米地下作业的陶粒压裂支撑剂，必须要能承受地壳中各种介质和 HCl/HF 混合酸液的侵蚀。而长期以来，耐酸性能差一直是制约陶粒压裂支撑剂发展的瓶颈。

　　针对如何提高陶粒压裂支撑剂的耐酸性能这一问题，本书将围绕成分调控和结构优化的研究思路，就其机理和方法详尽阐述。材料的溶解度决定了陶瓷的腐蚀程度，而其化学组成和显微结构是降低腐蚀速率的关键因素。从热力学角度而言，腐蚀是不可避免的。但是，从动力学角度考虑，通过改善显微结构，优化物相组成，可以实现使溶解速度慢得足以满足材料的使用要求。另外，研究中发现，原料中存在的硅质成分是导致压裂支撑剂耐酸性能差的主要原因之一，并提出了建立"无硅体系"耐酸陶粒压裂支撑剂的新思路。

在无硅体系耐酸陶瓷的研究方面，通过引入不同的添加剂，探索在烧结或者酸溶过程中生成的耐酸物相，并通过控制工艺参数对物相组成和显微结构实施调控，使得陶粒在腐蚀过程中，其表面能够形成抑制反应向内部扩散的壁垒，利用协同溶解和非协同溶解形成的"皮壳机制"减缓 HCl/HF 的腐蚀，提高陶瓷的耐酸性能。

在低硅体系耐酸陶瓷的研究方面，考虑到工业氧化铝陶瓷在生产时所用原料（长石、石英、黏土等）中的硅质成分很难完全避免，探索在硅质成分存在的条件下，提高氧化铝陶瓷耐酸性能的方法尤为必要。Si 在陶瓷中，既是玻璃相的主要成分，又会生成含硅晶相，两种相的耐酸性能均不佳。通过向陶瓷中引入活性大阳离子，利用其优先在晶界占位的特点来改变界面能和晶界的化学性质，以减少晶界处的硅含量，实现净化晶界的目的；同时，活性大阳离子存在的晶相对 Si 有强烈的固溶作用，利用"囚笼机制"来减少陶瓷中能与酸发生反应的含硅相，提高陶瓷的耐酸性能。

作者总结近些年的科研成果编著此书，希望与更多的科研与技术人员分享陶瓷腐蚀领域的新思路、新成果及新技术。本书内容主要包括两大部分：第一部分介绍无硅体系耐酸陶瓷的制备及机理，包括 $Al_2O_3-BaO-MgO-CaO$、$Al_2O_3-P_2O_5-BaO-CaO$、Al_2O_3-

TiO$_2$-BaO-MgO 无硅体系耐酸氧化铝陶瓷；第二部分介绍低硅体系耐酸陶瓷的制备及机理，包括 Al$_2$O$_3$-BaO-SiO$_2$-MgO-CaO、Al$_2$O$_3$-SiO$_2$-MgO-CaO-RE$_2$O$_3$（RE＝Sc、Y 或 La）低硅体系耐酸氧化铝陶瓷。

综上所述，本书将为强耐酸陶瓷材料的开发、应用提供理论依据和基础数据，具有重要的学术意义和潜在的应用价值。全书共11章，吴婷婷博士参与撰写了第 1、3～6、9～11 章，张亚奇博士参与撰写了 1～3、6～8 章。吴伯麟教授对此书的出版非常支持，并参与了相关章节的校对。衷心感谢恩师吴伯麟教授多年来给予的培养、关心、照顾和支持。感谢田小让师兄、赵艳荣师姐和赵士鳌师兄在对压裂支撑剂耐酸性能研究中所作的贡献以及在实验中给予的帮助。

2022 年 2 月

目 录

CONTENTS

第 1 章 绪 论

1.1 压裂支撑剂简介

石油作为当今世界的主要能源之一，是关系到国家经济命脉的重要战略物资。经济发展所需的能源动力、生产资料都离不开石油部门及相关产业的供给。随着科学技术和工业革命的迅速发展，石油已成为世界能源结构中的"第一能源"，被广泛应用于各个领域。对于任何国家，石油工业都是国民经济的一个基础性行业和支柱产业，并因其重要的经济价值和战略价值成为各国经济发展和现代化进程中必不可少的物质基础[1-4]。然而，随着世界石油工业的迅猛发展，易开采的浅层、高渗透油气藏越来越少，深层低渗透油气藏成为开采的主要对象，开采难度正在逐步加大。为此，衍生出了压裂技术。

1.1.1 压裂支撑剂的工作原理

压裂支撑剂是压裂工艺的一种专用材料，是石油、天然气开采压裂操作过程中用来支撑岩缝的具有一定强度的固体颗粒[5]。在压裂操作过程中，利用必要的设备和工具从地面向目的层泵入流体，使储层孔隙中的流体压力超过储层的破裂压力，在储层中形成一条人工裂缝，同时利用流体携带支撑剂充填裂缝，使裂缝闭合后仍具有较高的导流能力，从而降低油气流入井筒内的渗流阻力，提高油气井产量，延长油气井的服务年限，降低采油成本，特别是对于低渗透矿床的开采尤为重要[6-10]（图 1 - 1）。Tan Yuling 等人研究发现，相同破碎条件下，使用支撑剂裂缝的渗透率是自然裂缝的几百甚至几千倍，而且增加支撑剂的尺寸和数量可以提高渗透率[11]。

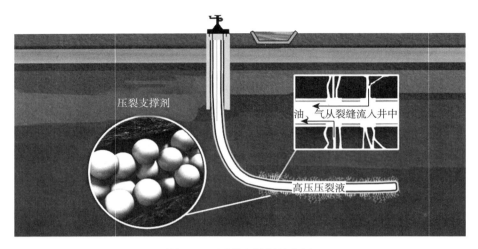

图 1-1 压裂支撑剂的作用

全世界的油气井除去为数极少的新井、浅井外，其他油气井基本上都需要压裂支撑剂进行压裂开采，中国的情况更是如此。中国低渗透型矿床占中国未开采总量的 55％以上，因此国内对支撑剂产品的需求量必将越来越大。

1.1.2 压裂支撑剂的分类

压裂支撑剂质量的优劣是确保填砂裂缝导流能力的物质基础，是压裂技术能否获得成功的关键，对石油开采起着至关重要的作用[12,13]。根据使用材料的不同，压裂支撑剂主要分为三类：石英砂、树脂包覆的复合颗粒和人造陶粒（图 1-2）。

（1）石英砂支撑剂

石英砂是一种分布广、硬度大的天然稳定性矿物，属于不可再生资源，主要化学成分是 SiO_2，多产于沙滩、河滩或沿海地带。我国沿海地区石英砂储量丰富，岩石种类以石英岩、石英砂岩、石英片岩、脉石石英为主；广西、福建地区以石英砂岩矿床为主；甘肃、内蒙古的石英岩矿床资源非常优质；安徽凤阳是我国最大的石英岩带基地，石英砂储量约 100 亿 t[14,15]。石英砂岩经过风化剥蚀、水力冲刷等作用后会形成小颗粒的石

 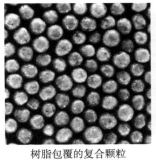 

石英砂   树脂包覆的复合颗粒   人造陶粒

图 1-2 压裂支撑剂的分类

英砂。开采的天然石英砂一般需要经过破碎、清洗、烘干、筛分等加工程序，才能作为压裂支撑剂投入使用。

由于石英砂颗粒的相对密度较低（相对密度 2.65，体积密度 1.75g/cm³），在压裂过程中便于施工泵送，操作方便且经济实惠，因此被大量使用。但是，石英砂的圆球度差，表面光洁度低，强度不高，在 28MPa 压力下就开始发生破碎，产生大量的碎片和细粉砂堵塞裂缝，使得裂缝的导流能力降到原来的 1/10 甚至更低[16-18]。所以，石英砂只适合于浅层油井，一般不超过两千米；对于地层闭合压力高、温度高的深层低渗透油气藏，石英砂不能适应该条件下水力压裂的需要。

（2）树脂覆膜支撑剂

树脂覆膜支撑剂与石英砂相比，球度有改善，耐腐蚀性可达到较高指标，即使内部的颗粒被压碎，外面包覆的树脂层可以包裹住碎块，从而使得其抗压强度较高，破碎率较低。覆膜支撑剂的另一个优点在于它的相对密度低，便于施工泵送，改善了裂缝分布，还能增加裂缝长度，减缓微粒运移堵塞，保持裂缝的导流能力[19]。但是，随着闭合压力的增高，破碎率增大，树脂膜的弹性变性、颗粒的压碎和重新排列，会使裂缝宽度变窄；甚至在高闭合压力下，树脂膜还可能出现黏连现象，对裂缝的孔隙度和渗透率造成不利影响。另外，树脂覆膜支撑剂产品的保质期短、造价高，化学稳定性欠佳，使其应用受到一定限制[20,21]。

覆膜支撑剂分为两类：预固化树脂覆膜支撑剂和可固化树脂覆膜支撑剂。预固化树脂覆膜支撑剂是将一层或者多层的热固性树脂（如聚氨酯、酚醛树脂、环氧树脂、呋喃树脂等）覆盖在加热后的基体（如坚果壳、玻璃球、石英砂、陶粒等）上，固化成网状结构。预固化树脂覆膜支撑剂具有表面光滑、密度较低、圆球度较好、酸溶解度较低、破碎率较低等优点。可固化树脂覆膜支撑剂是在支撑剂基体上冷覆或热覆一层热固性树脂。把覆有热固性树脂膜的支撑剂输送到地层裂缝中，通过地层应力、地壳高温以及活化剂的作用将基体软化，软化后的树脂相互黏结和固化，形成了一个过滤网。热固性树脂覆膜支撑剂可以先覆膜之后在地层中完成网络化结构，也可以将未覆膜的支撑剂先注入裂缝后，直接将液体热固性树脂注入地层裂缝，通过树脂固化作用将支撑剂黏接，最终形成过滤网。形成过滤网的目的是为了防止地层出砂、支撑剂反排，还能减少支撑剂在地壳中的嵌入。

常用的覆膜支撑剂多为树脂包层砂，简称树脂砂。树脂砂是在石英砂的表面包裹树脂后再进行热固化处理的支撑剂。树脂砂的视密度比石英砂略低，约 $2.55g/cm^3$。当闭合压力较低时，树脂砂的性能与石英砂接近；但当闭合压力较大时，树脂砂的性能将会明显优于石英砂。这主要归因于，树脂包覆了压碎的颗粒，避免了小颗粒堵塞裂缝。高密度中强度或低密度中强度树脂砂的抗压强度为 $50\sim70MPa$[22]。国内的树脂覆膜支撑剂多用于防砂作业，其中酚醛树脂覆膜石英砂应用得最多。为了改善树脂砂支撑剂的抗压和耐高温性能，双涂层技术被广泛应用。涂层的内层是预固化树脂膜，外层是只有在一定条件刺激时才有固化作用的树脂膜。双涂层的内膜提高了石英砂的强度，外膜增强了颗粒间的胶结。这种双层包覆的树脂砂在 $7\ 622m$、$316℃$ 的深井中可以正常作业[23,24]。

尽管覆膜支撑剂初期投资成本大，但是可以减少（支撑剂回流造成的）资质储层伤害，降低修井成本（支撑剂回流的机械设备损坏），增加油井有效生产时间。根据 46 口井（23 口井使用 100% 石英砂，23 口井尾追树脂覆膜支撑剂）10 年压裂生产资料显示，覆膜支撑剂经济效益优于石英砂[14,25]。

（3）陶粒支撑剂

陶粒压裂支撑剂，以氧化铝、铝矾土或工业废弃物为主要原料，添加锰矿石、白云石、钾长石等助剂，经熔融喷吹或烧结而成。熔融喷吹法是将物料经高温熔融至液态，在熔体流出时用过热蒸汽进行喷吹，使物料形成球状的一种制备工艺。当原料熔点较低时，可采用熔融喷吹法来制备陶粒支撑剂。但由于该制备方法的工艺成本和能耗较高，且成球难以控制，因此并未得到广泛应用。目前，陶粒支撑剂常用的制备方法仍以烧结法为主。烧结法是先将固态粉末经过成型后，再加热至一定温度，使其体积收缩、致密化，最后形成致密整体[26,27]。

陶粒压裂支撑剂比石英砂支撑剂的强度高、破碎率低、导流效果好。随着闭合压力和抗压时间的增加，陶粒压裂支撑剂导流能力的递减率远低于石英砂支撑剂。由于陶粒具有高强度、低破碎率、好的球度和圆度、导油能力高、抗盐、抗高温等性能，所以对于任意深度的任意储层来说，使用陶粒支撑水力裂缝均会获得较高的初产量、稳产量和更长的有效期。实践证明，使用高铝压裂支撑剂压裂的油井可提高产量30%～50%，还能延长油、气井服务年限，是石油、天然气低渗透油井开采、施工的关键材料。但是，陶粒压裂支撑剂相对密度较高，对压裂液性能和开采设备的要求较高，而且它的耐酸性能差。所以，降低密度和生产成本、提高耐酸性能，成为目前陶粒压裂支撑剂的主要研究方向之一。

经比较，石英砂支撑剂、树脂覆膜支撑剂和陶粒支撑剂的成分、性能特点、制备工序和适用环境如表1-1所示[14,26]。

表1-1 不同类型压裂支撑剂的成分、性能特点、制备工序及适用环境

支撑剂类型	石英砂支撑剂	树脂覆膜支撑剂	陶粒支撑剂
主要成分	SiO_2	骨架：石英砂、陶粒、纤维树脂：酚醛、环氧、呋喃	含铝矿物、工业废弃物
辅助组分	Al_2O_3、Fe_2O_3	—	高岭土、硅酸镁
相对密度	约2.65	2.55～2.6	2.55～3.9
导流能力	低	优秀	高
颗粒均匀度	低	高	高
强度	低	高	高
工序	沉淀、破碎、洗涤、烘干、筛分	加热、混合搅拌、冷却破碎、筛分	破碎、粉磨、制球、煅烧、冷却、筛分

（续）

支撑剂类型	石英砂支撑剂	树脂覆膜支撑剂	陶粒支撑剂
分类	北白砂、棕砂、承德砂、兰州砂、岳阳砂、永修砂	密度：低密度、超低密度 润湿：中性润湿、疏水 功能：孔隙型、自悬浮	高、中、低密度
适用地层	低闭合应力的浅井	较高闭合应力的中、深井	高闭合应力的深井或超深井

1.2 压裂支撑剂的发展历程

压裂支撑剂的历史并不久远。在 20 世纪 40 年代初，无支撑剂的压裂施工试验由于效益不好很快被迫停止。1947 年 7 月，世界第一口压裂井在美国堪萨斯州压裂试验成功后，压裂支撑剂走上了历史舞台。50 年代，天然石英砂成为早期的压裂支撑剂被广泛使用。随着水力压裂技术的发展，到了 60 年代，越来越多的天然材料及人造产品（如玻璃微珠、铁砂、钢砂、铝丸、碎胡桃壳、开采的石榴石、塑料珠或聚合物球等）作为压裂支撑剂被使用。然而 70 年代早期，仅有高强度焙烧的玻璃珠被保留下来。1973 年，诺顿公司发明了人造烧结陶粒支撑剂，替代了原有的石英砂等天然材料，以适用于更深的油气井开发。至此，开创了烧结陶粒支撑剂在石油、天然气压裂增产中应用的先河。

纵观石油压裂支撑剂材料的发展历程，可以分为 5 个阶段：第 1 阶段（1947—1949 年）：原标准石油公司首次引入 Arkansas River 河沙作为支撑剂（Hugoton 油田压裂实验）；第 2 阶段（1950—1959 年）：20 世纪 50 年代采用矿砂作为支撑剂；第 3 阶段（1960—1969 年）：采用圆球度较高的核桃壳、玻璃、塑料微珠对支撑剂性能进行改良；第 4 阶段（1970—1979 年）：采用铝矾土烧结的高抗压强度的人造陶粒支撑剂，在压裂过程中尾追一定量的覆膜支撑剂，解决了支撑剂回流、微粒运移导致裂缝导流能力下降的问题；第 5 阶段（1980 年至今）：低、中、高密度陶粒支撑剂（优化添加材料）[14,28-30]。

中国对压裂支撑剂的研究和生产发展很快。80 年代初，中国在压裂中使用的支撑剂是兰州天然石英砂，该砂的技术指标：体积密度 1.62g/cm³、视密度 2.62g/cm³、28 MPa 闭合压力下破碎率 12.0%～14.0%。1987 年，中国第一批陶粒压裂支撑剂产品在港宜特种陶瓷厂诞生。当时，由于石油开发对陶粒支撑剂的大量需求，极大地刺激了市场的发育。随后出现了电熔喷吹铝矾石支撑剂，生产工艺是将高电压变成低电压大电流，连接三根石墨电极形成的熔炉，将铝矾石（Al_2O_3 含量为 65%～70%）原材料直接加入炉中熔融后溢出，在一定风压下将溢出的熔液吹散，制成产品。电熔喷吹铝矾石支撑剂比石英砂的技术指标要高出几倍：体积密度 2.0g/cm³、视密度 3.33g/cm³、60MPa 闭合压力下破碎率 6.0%～8.0%。但产品体积密度高，粒径分布不均匀，导流能力差（比石英砂的导流能力好）。同期江苏东方支撑剂有限公司利用铝矾土和陶土，通过添加二价金属离子开发了烧结低密度低强度支撑剂，生产工艺采用陶瓷烧结工艺，将原料加工到 250 目细粉进行配料，挤压造粒制成半成品，最后在隧道窑 1 250～1 280℃烧结 24h，制成产品。产品的体积密度为 1.58～1.62g/cm³、视密度 2.60～2.80g/cm³、52 MPa 闭合压力下破碎率 10.0%～14.0%。通过配方和工艺改进破碎率降至 7.69%，是当时国内独有的优质低密度产品。90 年代中期，相继烧结陶粒在我国部分地区有了发展，刚开始各生产厂家利用生铝矾土（Al_2O_3 含量约 70%）添加铁离子和镁离子，磨成 250～280 目细粉，在糖衣锅喷雾干法造粒后，装入匣钵在倒烟窑 1 350～1 380℃中烧结而成，高温烧成时间 70h。产品指标：体积密度 1.70～1.75g/cm³、视密度 3.10～3.33g/cm³、52MPa 闭合压力下破碎率 15.0%～18.0%[31]。

在国产压裂支撑剂发展初期的很长一段时间内，支撑剂行业没有正规的规模和质量检测手段，致使大量劣质产品流入市场。直到 2002 年，中石油股份有限公司发表了压裂支撑剂的质量公告，曾一度混乱的行业秩序才慢慢走入正轨。随着技术的发展，人们对支撑剂质量的重视度提高。通过改变生产工艺，建成了各种长度不同的技术先进的隧道窑，以减少烧结温度的温差；通过改变配方，精心选择原料，优选金属二价离子和非金属二价离子的添加剂技术，弥补了原料理化指标的不足，生产出了相对高技术指标的压裂支撑剂。

1.3 陶粒压裂支撑剂的研究现状

实际应用中，对压裂支撑剂的性能要求有四点：①压裂支撑剂要有足够的抗压强度和抗磨损能力，能耐受注入时的强大压力和摩擦力，并有效支撑人工裂缝；②压裂支撑剂颗粒相对密度要低，便于泵入井下；③压裂支撑剂颗粒在温度为200℃的条件下，与压裂液及储层流体不发生化学作用，酸溶解度最大允许值应小于5%；④压裂支撑剂要满足货源充足，价格低廉。

美国CARBO公司是世界上最大的陶粒压裂支撑剂生产厂家，技术力量雄厚，其技术及产品质量在国际上处于领先水平。它们采用长度40多m回转窑，使用了先进的流化床设备造粒，半成品密实度好、表面光滑度高。产品烧结温度1 600℃，烧结时间4～5h。原料采用低铝矾土（Al_2O_3 47%～52%、SiO_2 44%～48%、TiO_2 1.5%～2.5%、Fe_2O_3 0.7%～1.1%）和黏土为主，开发了CARBO ECONOPROP产品。技术指标：体积密度1.55～1.58g/cm^3、视密度2.66～2.72g/cm^3、52MPa闭合压力下破碎率约12%[32,33]。研制的CARBO LITE产品性能：体积密度1.62～1.65g/cm^3、视密度2.60～2.80g/cm^3、52 MPa闭合压力下破碎率7.5%、酸溶解度1.7%、价格4 950元/t[34]。采用烧结高铝矾土（Al_2O_3 70%～76%、SiO_2 11%～15%、TiO_2 3.2%～4.5%、Fe_2O_3 8.9%～10.5%和Al_2O_3 81%～86%、SiO_2 3%～7%、TiO_2 3%～4%、Fe_2O_3 5%～8%）开发了中等强度的CARBO PROP和高强度CARBO HSP产品[35,36]。中等强度的CARBO PROP产品性能：体积密度1.97g/cm^3、视密度3.28g/cm^3、69 MPa闭合压力下破碎率3.6%、酸溶解度4.5%、价格7 200元/t。高强度CARBO HSP产品性能：体积密度2.04g/cm^3、视密度3.42g/cm^3、69 MPa和86 MPa闭合压力下破碎率分别是1.06%和2.3%、酸溶解度3.5%、价格6 800元/t。这两种产品体积密度都很高，但在高闭合压力下破碎率都较低。该公司以生产CARBO LITE和CAR-BO PROP为主，CARBO HSP产品根据需要生产，产品价格昂贵。Robert Duenckel等人采用Al_2O_3细粉和高铝矾土进行烧结，制备出了体积密度为 1.84g/cm³，在 69MPa 的闭合压力下破碎率约 2.9% 的压裂支撑剂。他们还研究了铁的氧化物和氧化锌为烧结助剂对压裂支撑剂性能的影响，研究发现，添加 0.1%～15% 烧结助剂的压裂支撑剂烧结温度为 1 565～1 648℃，视密度为 2.70～3.75g/cm³，体积密度 1.35～2.15g/cm³，抗压强度 102MPa[37,38]。荷兰的普拉德研究与开发有限公司研制出了一种视密度在 1.7～2.75g/cm³ 的低密度压裂支撑剂。该压裂支撑剂以氧化铝含量高于 60% 的铝矾土为主要原料，添加矿化剂制备而成。Cannan C D 等人用高岭土为主要原料，聚乙烯醇为黏结剂制备出了视密度 1.60～2.10g/cm³，体积密度 0.95～1.30g/cm³ 的压裂支撑剂，该压裂支撑剂的烧结温度为 1 200～1 350℃[39]。Palamara T C 等人用氧化铝含量大于 55% 的铝矾土为主要原料，添加 SiO_2 为 25%～35%、氧化铁为 2%～10%，用镁的氧化物、锰的氧化物、钛的氧化物和镧系稀土氧化物为烧结助剂制备出了莫来石含量 85% 的压裂支撑剂。该支撑剂的体积密度为 2.71～3.57g/cm³、堆积密度为 1.55～1.95g/cm³，在 69MPa 的闭合压力下破碎率 4%～7%[24,40]。

中国支撑剂产品以中、低档为主，产品质量不高。为此，我国科研人员为提高压裂支撑剂的性能开展了大量研究。

（1）用铝矾土矿物制备陶粒压裂支撑剂

国内大部分压裂支撑剂生产厂家是以铝矾土为主要原料，添加部分助熔剂进行生产。因为压裂支撑剂的烧结过程对能源消耗大，有必要优化流程，并尽可能降低压裂支撑剂的烧结温度，从而节约能源，降低成本。多数陶粒压裂支撑剂企业降低烧结温度的方式是在原料粉中加入各种烧结助剂，使其在较低温度下形成液相，从而降低烧结温度。江苏宜兴的港宜特种陶瓷厂与天津大港油田联合研制成功了新型石油深井支撑剂——低密度高强度陶粒。比重为 2.6～2.65 的低密度陶粒充填于 3 000m 以下的深油井中，不仅能抵抗 700 个大气压，而且导渗性好[41]。宜兴东方石油支撑剂有限公司用未煅烧铝矾土、MnO_2 及 ZrO_2 为主要原料制备高密度高强度压裂支撑剂。它们还选用铝矾土熟料、高岭土、宜兴红泥为主要原料，添加适量的赤铁矿和钛白粉制备了陶粒压裂支撑剂，测试样品破碎率（SY/T 5108—1997 检测）＜10%，体积密度 1.5～1.65g/cm³，视密度

2.65～2.68g/cm³，抗压强度 52 MPa≤7％，浊度<20 度[42]。许宏初等人公开一种油气井压裂用固体支撑剂，原料是由铝含量 65％～75％的生铝矾土细粉，外加 6％～10％的 MnO₂ 矿粉组成。此配方的优点是：原料种类少，配料简单，铝矾土生料与 MnO₂ 在高温下反应更加完全，玻璃相很低，产品质量稳定，体积密度为 1.65～1.8g/cm³，视密度为 3.0～3.15g/cm³，86 MPa 下破碎率<10％[43]。关昌烈采用铝矾土生矿与稀土精矿、可燃物及黏结剂按比例混合制备高强度陶粒压裂支撑剂[44]。接金利、周生武研制的以莫来石为主晶相的高强度中密度 HSMP－1 型压裂支撑剂，视密度 1.37g/cm³、体积密度 2.90g/cm³、酸溶解度 11％、60MPa 压力下的破碎率 1.2％，适用于 3 500～4 000m 深井压裂[45]。陈烨、卢家暄以贵州铝矾土为主要原料，在 MgO－Al₂O₃－SiO₂ 体系中制备了视密度 3.39g/cm³、酸溶解度 4.54％、抗破碎率 4.1％的石油压裂支撑剂[46]。蔡宝中、徐海升等人为满足塔河油田压裂与酸化复合改造工艺的要求，研制开发了新型中密度高强度耐酸支撑剂 H－1，该支撑剂以较低铝矾土、高岭土和红泥黏土为原料，采用转窑动态烧结制成。H－1 支撑剂酸溶解度 1.6％、视密度 2.67g/cm³、体积密度 1.67g/cm³，在 86MPa 下的破碎率 2.1％。测试不同陶粒酸蚀后支撑裂缝的导流能力发现，H－1 陶粒的导流能力优于国内外同类产品，如图 1－3 所示[47]。

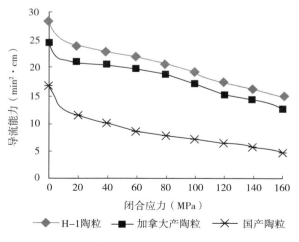

图 1－3　几种陶粒的酸蚀裂缝长期导流能力对比

　　马雪、姚晓通过在配料中添加少量锰矿，制备出高强度低密度压裂支撑剂。研究结果表明：锰矿的掺入可有效降低支撑剂的显气孔率，从而减小试样表面产生的裂纹源，提高抗破碎能力。另外，在烧结过程中锰离子加快了体积扩散，促进晶粒生长，形成大量闭气孔，是视密度降低的主要原因[48,49]。崔任渠在对锰矿粉含量影响陶粒性能的研究中也得到了同样的结论，如图 1-4 所示[27]。

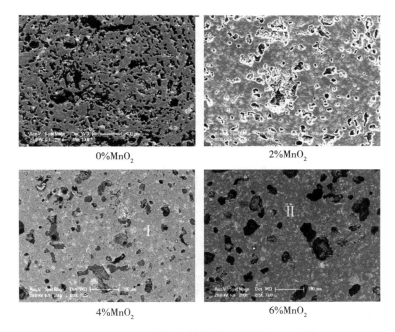

图 1-4　不同锰矿粉含量下试样的 SEM 图

　　刘军等人以氧化铝含量 67% 的铝矾土为主要原料，制备出体积密度 1.75g/cm³、视密度 3.12g/cm³、抗破碎率 2.9% 的高强度压裂支撑剂；研究了白云石的添加量对支撑剂性能影响的规律，如图 1-5 所示。白云石作为烧结助剂不仅能够降低制品的烧结温度，还能强化晶粒间的黏结作用，促进棒状莫来石生成，形成交错棒状晶增强结构，从而提高样品的抗破碎能力[50]。

　　刘洪礼以铝矾土和紫砂土为主要原料制备莫来石—石英质石油压裂支撑剂，烧结温度为 1 280℃ 时性能最佳，体积密度 1.45g/cm³、视密度

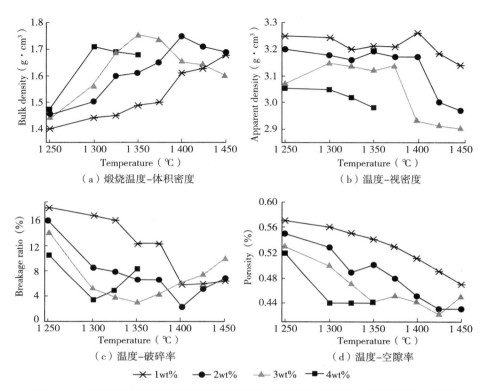

图 1-5　白云石添加量对烧结温度与体积密度、视密度、破碎率、孔隙率的关系曲线

2.92g/cm³，在 35MPa 闭合压力下的破碎率为 8.05%[51]。Ma Xiaoxia 等人用低品位的铝矾土和紫砂岩为原料制备了低密度、高强度压裂支撑剂，52MPa 压强下的破损率 7.8%[52]。高峰等人制备了铬铁矿掺杂的铝矾土基石油压裂支撑剂，69MPa 闭合压力下的破碎率仅为 1.8%[53]。郭子娴等人也研究了用白云石制备压裂支撑剂的可行性。他们以铝矾土为主原料，白云石为辅料，并引入一定量的复合添加剂制备出了低密度高强度压裂支撑剂。当白云石掺量为 2wt%，复合添加剂掺量为 6wt%，在 1 330℃的烧结温度下，所获得的陶粒支撑剂的体积密度为 1.55g/cm³，视密度为 2.61g/cm³，在闭合压力为 52MPa 时的破碎率为 6.70%[54]。

（2）用铝矾土和工业废料制备陶粒压裂支撑剂

压裂支撑剂的生产成本与原材料的价格有很大的关系，将废物再利用，如煤矸石、焦宝石、粉煤灰等工业废料，可以大大减少支撑剂企业的生产成本。同时，对工业废弃物的循环再利用，减轻了工业发展带来的负面影响，减少了对环境造成的污染，符合国家的环保政策。

李昕等人用过氧化氢工业用过的废氧化铝吸附剂为主要原料，以高岭土、白云石、菱镁矿为辅助原料制备陶粒压裂支撑剂，研究了氧化铝含量对支撑剂性能的影响规律，如图 1-6 所示。该支撑剂的酸溶解度为 2.42%，69 MPa 闭合压力下的破碎率为 1.74%[55]。

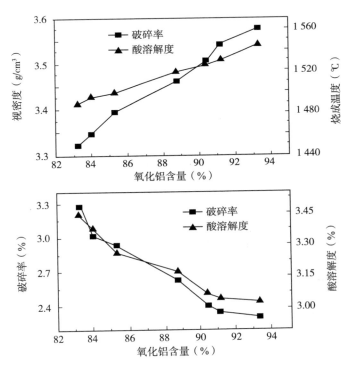

图 1-6 氧化铝含量与视密度、烧成温度、破碎率、酸溶解度的关系

董丙响等人以低品位铝矾土和工业废弃物粉煤灰为主要原料，研制出了低密度高强度陶粒支撑剂。该支撑剂的体积密度为 $1.40\sim1.55\mathrm{g/cm^3}$，视密度为 $2.75\mathrm{g/cm^3}$ 左右，在 52 MPa 闭合压力下破碎率 3.9%。研究表明，当粉煤灰添加量较少时，支撑剂内部烧结较致密、孔隙小、孔隙率低[56]。刘云用高铝矾土熟料和工业废弃高铝质耐火砖为主要原料，制备

了高强度压裂支撑剂：69 MPa 的压力下破碎率 3.34％、酸溶解度 4.22％[57]。高海丽、游天成等人利用攀枝花的二滩轻烧铝矾土、铝矾土生料及高钛型高炉渣为主要原料，采用 $Fe_2O_3-Al_2O_3-SiO_2$ 系统，制备出了 69MPa 下破碎率 1.61％、酸溶解度 4.38％ 的高强度石油压裂支撑剂[58]。王晋槐等人以焦宝石和煤矸石为主要原料制备低密度高强度陶粒支撑剂，研究了煤矸石添加量和烧结温度对陶粒视密度和破碎率的影响，当煤矸石的添加量为 15％，烧结温度为 1 410℃ 时，陶粒支撑剂的视密度为 2.65g/cm³，在 69MPa 闭合压力下的破碎率为 7.9％，这极大地促进了煤矸石在压裂支撑剂制备方面的应用[59]。他们还采用陶瓷辊棒废料研制出 104MPa 压力下破碎率为 14.85％ 的高强度支撑剂。该支撑剂的体积密度为 1.84g/cm³、视密度 3.21g/cm³、酸溶解度为 4.4％，结构特点为表层致密，越往中心部位气孔越多，如图 1-7 所示[60]。

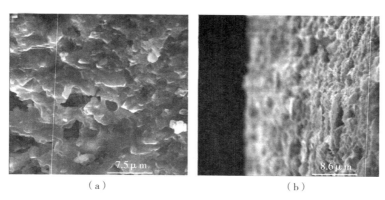

（a）　　　　　　　　　　　（b）

图 1-7　辊棒废料制备的高强度陶粒支撑剂扫描电镜图

（3）以非铝矾土矿物制备陶粒压裂支撑剂

唐民辉等以玄武岩为主要原料，添加白云石、萤石、铬铁矿、磷铁矿作为辅助原料，采用高压气体喷射成珠的工艺，经烧结制备出可满足中深井压裂用的辉石型微晶硅酸盐珠体。该珠体平均单颗粒强度 6 700kg/cm²，抗破碎率小于 10.89％，酸溶解度 2.63％[61]。田小让等利用赤泥、耐火废料、增塑剂和碳酸钡为原料，制备出了酸溶解度为 3.1％，在 69MPa压力下破碎率 5.3％ 的陶粒压裂支撑剂。研究了赤泥含量对支撑剂破碎率的影响，如图 1-8 所示[62]。尹国勋等人同样以赤泥为主料，添加了粉煤灰、煤矸石、废玻璃粉、煤粉、纸浆废液等作为外加剂制备陶粒支撑剂。该陶粒抗压力 410 N，筒压强度相当于 5.5MPa[63]。

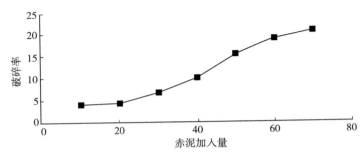

图 1-8 赤泥添加量与陶粒支撑剂破碎率的关系曲线

判断压裂支撑剂质量好坏的两个重要指标是抗破碎率和酸溶解度。关于压裂支撑剂的强度、密度、导流能力等方面的相关报道很多。因为压裂过程中，如果支撑剂的沉降速度过快，就很难铺设到远井筒的裂缝端。而支撑剂的沉降速度与自身密度和压裂液密度之差成正比，结合支撑剂又是在地壳中高应力的条件下进行工作，所以，国内外支撑剂行业一直致力于研究如何降低支撑剂的密度、提高强度，而忽略了另一重要性能指标——酸溶解度。国内外对压裂支撑剂耐酸性能方面的研究比较匮乏。随着油井开采的难度越来越大，采用的开采技术越来越复杂，对支撑剂的耐酸性能也提出了越来越高的要求。而优质氧化铝陶粒的制备，其中一个重要难题就在于降低压裂支撑剂的酸溶解度，所以研发以工业氧化铝为主的高档产品非常必要。

中国支撑剂生产厂家多以铝矾土为原料，制备的石油压裂支撑剂的总体质量逐渐提升。近几年，中国制造的陶粒压裂支撑剂占整个北美陶粒支撑剂市场的 13%，年均营业额为 30 亿美元。预计未来几十年，中国石油压裂支撑剂产业的市场规模将迅速扩大，企业的总产能也将迅速增加，压裂支撑剂产品将朝着更加细分的趋势发展[64]。

1.4 陶粒支撑剂耐酸性能概述

1.4.1 中国油气田的特点

中国油气资源相对贫乏，按平方千米国土面积的资源量、累计探明可采储量、剩余可采储量和产量值来看，中国都明显低于世界平均水平。所以，我国原油和天然气对外依存度较大。据 2019 年《BP 世界能源统计年鉴》公布，2018 年我国原油对外依存度达到 72%，进口来源国主要集中在中东等地缘政治不稳定地区。2019 年上半年，仅从沙特进口原油就占我国总进口原油的 15.37%，但 2019 年 9 月沙特遭受袭击导致 570 万桶/日的原油供应中断。中东地区的不稳定性迫使我国必须快速提升油气开采的技术水平，以满足国内的原油及天然气需求，保障国家能源安全。

由于中国的油气田以中、低渗透储量为主。2006—2015 年，全国累计探明低渗透石油地质储量占总储量的 67.5%；2008—2015 年，全国累计探明致密气地质储量占总储量的 60%～72%，远大于 2005—2007 年的 20%～40%。2016 年，全国新增探明石油地质储量 9.1 亿 t，其中低渗透、致密油占 67%；新增天然气地质储量 6 540 亿 m^3，其中低渗透致密气占 73%。由此可见，低渗透油气田和稠油油藏在石油总探明储量中所占的比重达 50% 以上。特别是低渗、低压、低产、低丰度"四低"储层在我国占很大比例，此类油藏的自然生产能力差、开采技术难度大、成本高，且许多油气田已经处于中晚期。面对我国石油新储集层和区块开发难度增大、增产措施改造对象越趋复杂、老油区增产稳产性不容乐观的严峻态势，国家有关部门制定了一系列相关政策，鼓励我国石油公司加大勘探开发力度，推动油气资源产量上升。如：国家发改委发布的《关于促进天然气协调稳定发展的若干意见》以及国家能源局发布的《页岩气发展规划（2016—2020 年）》，都把推进油气产业发展作为重中之重。我国严峻的油气产量形势，使得推进压裂酸化技术的发展成为当务之急[28,65]。

1.4.2　压裂酸化改造技术

压裂酸化改造技术是低渗透油气田开发的主要手段之一。施工时在井底压力高于地层破碎压力的条件下向地层中注酸或压裂液，压破地层形成人工裂缝，该裂缝在酸液的刻蚀作用下表面形成凹凸不平的酸蚀裂缝，提高地层的渗透能力。原理是利用酸液的化学溶蚀作用和地层挤压的水力作用来溶蚀地层堵塞物和部分地层矿物，扩大、延伸、沟通地层缝洞，在地层中造成具有高导流能力的人工裂缝，达到油气井增产的目的[66-68]。早在 1989 年，A. R. Jennings 就提出将压裂酸化技术引入砂岩地层中，利用酸液指进现象刻蚀不规则裂缝壁面，形成一定的导流能力。由于部分砂岩储层胶结疏松，直接酸压时，酸液会高度溶解岩石骨架，使岩层结构变得松散；而不可溶岩石矿物或反应生成的不可溶颗粒则会堵塞裂缝，甚至出现出砂现象[69,70]。因此，砂岩储层不适合直接使用酸压工艺，而可以采用前置酸液进行酸化处理，降低破裂压力的同时，还能清洁地层、解除堵塞，防止黏土膨胀与微粒运移。所以，采用前置酸液成为水力压裂前的关键环节。另外，在加砂压裂后注入酸液，可加速压裂液破胶，并溶解残渣；对压裂过的老井注入酸液解堵，可成功获得新产能[71]。

我国常规油气资源禀赋受限，未来主要依靠非常规油气资源，而页岩油气田是其中最主要的部分。因此，未来压裂酸化市场主要集中于页岩油气田开发。中国页岩油气资源主要分布在四川盆地、江汉盆地、准噶尔盆地、鄂尔多斯盆地、松辽盆地、塔里木盆地、扬子地台和苏北盆地[72]。按照国家能源局页岩气发展规划，在市场开拓顺利和政策支持到位的情况下，2020 年力争实现页岩气产量 300 亿 m^3，2030 年实现页岩气产量 800 亿～1 000 亿 m^3。我国页岩气产量和预测产量逐步增多，表明未来页岩气开发将会全面展开。这意味着压裂酸化装备与技术的应用必然与日俱增，对压裂支撑剂的需求越来越大，对耐酸性能的要求也越来越高，而提高压裂支撑剂的耐酸性能是目前支撑剂行业的一项技术难题。

1.4.3 耐酸性能的表征

压裂支撑剂的质量决定着裂缝尺寸与导流能力，直接影响最终的采油效果。酸液注入储层中不仅与岩石、碎屑杂质反应，还与支撑剂发生化学反应，引起支撑剂的性能变化。因此，支撑剂与酸接触反应后的稳定性是决定有效裂缝宽度与裂缝最终导流能力的关键。如果耐酸性能不好，支撑剂在腐蚀过程中会出现表皮粗糙、掉粉，甚至不堪地壳高压而破碎，降低裂缝导流能力。Coulter 研究发现，5％的微小颗粒就会导致裂缝的导流能力降低 62％左右[73,74]。从这点上看，耐酸性能也是压裂支撑剂机械力学强度的表征。特别是自 21 世纪以来，石油行业持续刷新开采深度记录，国内的西南油气田、塔里木油田及大量新探明油气资源的埋藏深度达到

5 000m，甚至 7 000m 以上。2019 年 2 月，中石化钻井深度已达到8 588m。何满潮从工程力学的角度分析出，深层储层具有复杂的高地应力特征。这就要求压裂支撑剂在未来必须能够承受更大地层闭合压力，具有更高的强度[74,75]。

由于耐酸性能与强度关系密切，所以对压裂支撑剂的耐酸性能也提出了更高的要求。而能满足高温、高压、强酸条件下保持裂缝导流能力的也只有陶粒压裂支撑剂了。Breval 研究了四种人造陶粒压裂支撑剂的显微结构，并将它们的性能与石英砂进行对比发现：人造陶粒压裂支撑剂的直径压缩强度要高于石英砂，即使在 424K 的 NaCl 或 MgCl$_2$ 盐水中长时间加压 69MPa 浸泡，结果不变。但是，在相同温度和压力条件下的 12wt% HCl＋3wt% HF 混合酸液中浸泡时，最初人造陶粒压裂支撑剂的强度会比石英砂低。然而，经数小时后，人造陶粒压裂支撑剂的强度优势仍超过了石英砂[76]。

耐酸性能是压裂支撑剂的一项重要指标，对压裂支撑剂的导油能力、工作寿命及油气井的油气产量有着重要的影响。油井开采越深，支撑剂要承受地层中的压力和各种腐蚀就越大。提高压裂支撑剂的耐酸性能成为各国科研工作者不懈的追求目标。压裂支撑剂的耐酸性能用酸溶解度表征。酸溶解度是在规定的酸溶液及反应条件下，一定质量的支撑剂被酸溶解的质量与总支撑剂质量的百分比。油田领域常将氢氟酸与盐酸的混合酸称为土酸。土酸用于解除泥浆堵塞和提高地层的渗透性，有利于注水或出油。压裂支撑剂在深达几千米的地下工作，必须能承受地壳中各种介质和 HCl/HF 混合酸液的侵蚀。具有良好耐酸性能的压裂支撑剂可以在地下岩缝中的酸性环境中长时间工作，保持高的导流能力，从而提高油气井的产量。长期以来，关于石油压裂支撑剂的耐酸性能一直没有一个确定的标准，美国石油学会（API）围绕石油压裂支撑剂的耐酸性能测试给出两个标准——天然石英砂支撑剂评价方法（API RP56）和高强度压裂支撑剂评价方法（API RP60），及国际标准化组织（ISO）颁布的压裂支撑剂性能测试评价方法（ISO13503－2），都只给出了酸溶解度的测试方法，没有给出一个具体的定量测试标准。中国参照美国石油学会（API）的标准于2007 年 1 月 1 日修改并颁布了新的石油天然气行业标准（SY/T 5108—

2006)，对压裂支撑剂耐酸性能测试制定了具体的量度标准。2014年，国家能源局在行业标准《水力压裂和砾石充填作业用支撑剂性能测试方法》（SY/T 5108—2014）中对压裂支撑的酸溶解度要求如表1-2所示。测试所用的酸液是12：3的HCl：HF溶液，测试条件：在66℃中水浴30min。

表1-2 支撑剂的酸溶解度指标

支撑剂粒径（μm）	最大酸溶解度（质量分数）
树脂覆膜陶粒支撑剂、树脂覆膜石英砂	5.0%
压裂天然石英砂、陶粒支撑剂和砾石充填石英砂支撑剂	7.0%

注：支撑剂的酸溶解度不应超过表中所示各值。

1.4.4 陶瓷腐蚀的基本原理

陶粒压裂支撑剂的酸溶解度测试过程，属于陶瓷在液体中的腐蚀过程。陶瓷腐蚀是一个与动力学、热力学和物理化学相关的问题。全面了解材料的微观结构和相组成对研究陶瓷的腐蚀至关重要。陶瓷材料的腐蚀并没有像金属腐蚀那样被很好地定义，但在文献中却出现了类似的术语：扩散腐蚀、晶界腐蚀、应力腐蚀等，常见的关键词有：溶解、氧化、还原、降低、变质、不稳定、分解、损耗、冲蚀等。

1.4.4.1 腐蚀模型

陶瓷的腐蚀往往以单一或联合的机理进行，相关的腐蚀模型也很多。总的来说，环境侵蚀陶瓷、形成反应产物。可以归纳为以下三种情况：①反应产物保留下来，附着在陶瓷上；②形成的反应产物由气体组成时，则完全挥发；③反应产物一部分保留下来而一部分挥发掉。当反应产物作为固体保留下来时，多形成可以阻止腐蚀进一步进行的保护层；当形成气体类产物时，陶瓷本身的消耗表现为失重。由于在腐蚀期间，各种过程都有可能发生，所以没有一个可以解释所有腐蚀现象的普遍理论模型。一种陶瓷在不同环境有不同的反应，因此，对于特定材料在所有环境中的腐蚀，不存在唯一的解释。虽然不存在一个既简单又包罗万象的普遍性陶瓷理论，但是却能从众多陶瓷腐蚀研究中找到一个共同的线索——陶瓷腐蚀尤其是溶解取决于材料的结构特征：同种材料而言，越致密，所受的腐蚀就越少。因为腐蚀是一个界面过程。对于陶瓷的腐蚀存在一些普遍的规律：①具有酸性特征的陶瓷容易被具有碱性特征的环境所腐蚀，反之亦然；②共价键材料的蒸汽压通常比离子键材料的蒸汽压大，所以共价键材料会更快地蒸发或升华；③离子键材料易溶入极性溶剂中，而共价键材料易溶入非极性溶剂中；④固体在液体中的溶解度通常随温度的升高而增加[77]。

液体对固体材料的腐蚀是通过在固体材料和溶剂之间形成一层截面或反应产物而进行的。该反应产物的溶解度比整个固体的低，有可能形成或不形成附着的表面层。这类机理被称为：间接溶解、非协同溶解，或者非均匀溶解。另一种腐蚀形式中，材料通过分解，或者通过与溶剂反应而直接溶解到液体里。这类机理被称为直接溶解、协同溶解或均匀溶解。液体里晶体组分的饱和溶解浓度，以及这些组分的扩散系数，共同决定了存在的是哪种机理。

溶解的驱动力由界面化学反应以及反应物与生成物的互相扩散所组成。在液体对陶瓷系统的腐蚀中，穿过边界层的扩散被认为是溶解期间限制速率的过程。边界层成分的变化取决于扩散比边界反应快还是慢。在以密度为驱动力的自由对流状态下，描述溶解速率的基本方程是[77]：

$$j = \frac{-\mathrm{d}R}{\mathrm{d}t} = 0.505 \left(\frac{g \Delta \rho}{\nu_i x} \right)^{1/4} D_i^{3/4} C \times \exp\left(\frac{\delta^*}{R + \delta^*/4} \right) \quad (1-1)$$

式中：g——重力加速度；

$\Delta\rho = \dfrac{\rho_i - \rho_\infty}{\rho_\infty}$（$\rho_i$——饱和液体密度，$\rho_\infty$——原始密度）；

ν——动力学黏度；

x——距液体表面的距离；

D_i——截面扩散系数；

C^*——浓度参数；

δ^*——有效边界层厚度；

R——溶质半径。

这一方程式从圆柱这一几何形状推导出来，式中的指数项用来校正圆柱形表面。在经过以分子扩散为主的诱导期后，腐蚀速率几乎变得与时间无关。随着表面的腐蚀，如果界面比腐蚀介质更致密，那么由密度变化所引起的自由对流会将界面层冲蚀掉[9-11]。很多与陶瓷相关的腐蚀环境都包含腐蚀介质扩散，因而加快介质的流速也就增加了腐蚀。如果液体中的迁移是重要的，评估腐蚀速率就必须在强制性对流条件下进行。在这样的条件下，腐蚀速率取决于强制对流的速率。

$$j = 0.61D^{*2/3}\nu^{*-1/6}\omega^{1/2}c^* \tag{1-2}$$

因为扩散度和黏度由成分所决定，所以引入了 D^* 和 ν^* 项。

在大多数实际情况中，材料在液体里的溶解度和液体密度的变化要比液体黏度变化慢得多。在等热条件下，黏度因成分的变化而变化。因此，液体黏度是液体腐蚀材料的主要因素，但是这并不在所有情况下都成立。因为液体成分也影响固体的溶解度。这些关系适合应用于液面下的固体腐蚀。在物质三态都存在的表面，腐蚀机理有所不同，而且比两态存在的表面腐蚀性要强烈得多。

腐蚀与温度的关系可由 Arrhenius 方程来表示：

$$j = A\exp(E/RT) \tag{1-3}$$

该关系只适用于液体还远没有被来自固体的组分所饱和的情况。固体在溶液里溶解有时取决于固/液界面之处表面控制反应。固体和溶液之间的配位基的交换率随阳离子电荷的增加而减少，因而在阳离子与配位基之间形成更强的键接[77]。

1.4.4.2　表面自由能的影响

环境对陶瓷的腐蚀还受表面自由能的影响。在固体—气体界面、固体—液体界面以及液体—气体界面中的表面自由能关系可以表示为：

$$\cos\Phi = \frac{\gamma_{sv} - \gamma_{sl}}{\gamma_{lv}} \tag{1-4}$$

当接触角 Φ 小于 $90°$ 时，不用施加任何力，毛细管作用会使液体渗入孔隙而排出其中的气体。当接触角大于 $90°$ 时，需要施加一个力来迫使液体注入孔隙。施加至应用陶瓷上的压力 p 取决于该液体的密度和深度。当这一压力大于 p 时，液体将进入半径大于 r 的孔隙。液体在陶瓷晶粒间的渗透性可以从固—液和固—固界面能来预测，如果：

$$\gamma_{ss} \geqslant 2\gamma_{sl} \tag{1-5}$$

完全润湿将发生。如果：

$$\gamma_{ss} \leqslant 2\gamma_{sl} \tag{1-6}$$

固—固接触存在，液体就离散呈珠状。当：

$$\gamma_{ss} = 2\gamma_{sl}\cos\Phi/2 \tag{1-7}$$

各力之间达到平衡。当：

$$\gamma_{ss} > \sqrt{3}\,\gamma_{sl} \tag{1-8}$$

液体则只出现在 3 个晶粒的交汇处。式中 Φ 是陶瓷晶粒与液体之间的两面角。只有当 $\Phi>60°$ 时，方程式（1-5）成立；当 $\Phi<60°$ 时，方程式（1-6）成立。60° 为临界二面角，它是主相晶粒之间的第二相完全润湿和非渗透的分界条件。为了减少液体渗入陶瓷，期望 γ_{ss} 小于 $2\gamma_{sl}$，并且至少小于 $3\gamma_{sl}$。但是，力的平衡受到很多因素的影响，比如：温度、成分、晶粒尺寸[85]。二面角随固体的饱和液体里浓度的增加而减小。由于随着二面角的增大，晶粒的曲度必然减小，更大的晶粒将形成更小的二面角。两个相似晶粒间的二面角要比两个非相似晶粒间的小，所以液体在非相似晶粒间的渗透量要比在相似晶粒间的渗透量小。所以，晶界和第二相的性质是控制腐蚀的重要因素[77]。

1.4.4.3　酸碱的影响

具有酸/碱性的陶瓷最耐腐蚀。陶瓷的第二相略微不同于主要组分的酸/碱性。主相和第二相谁先腐蚀取决于环境的酸/碱性。酸/碱反应的理论有很多。Bronsted 和 Lowry 理论适用于水性介质。在该种介质里，表面的酸碱性由电荷零点（ZPC）决定，或者由被侵入表面的纯零表面电荷处的 pH 决定。ZPC 在腐蚀中之所以重要是因为它是最大耐久性的 pH。在非水性介质里，Lewis 理论更适用。离子化会随着共价键的形成而发生。那些取决于配对组分的性质，既能接受又能给出电子的组分被称为两性组分。因而某一组分也许既会像酸又会像碱一样作用于其他组分[78]。

1.4.4.4　热力学

腐蚀的驱动力是系统自由能的减少。在热力学中，反应的路径不重要，重要的是初始和最终的状态。当平衡没有建立或反应动力不大时，常会存在过渡相和亚稳态相。反应的自发性依赖于反应热。熵能判断反应进行的稳定性。热熔和热熵通过自由能联系起来。在恒压下，等热反应的自由能变化如下所示：

$$\Delta G = \Delta H - T\Delta S \qquad (1-9)$$

式中：G——吉布斯自由能；

　　　H——焓或生成热；

　　　T——绝对温度；

　　　S——反应熵。

在等容条件下，等热反应的自由能变化是：

$$\Delta F = \Delta E - T\Delta S \qquad (1-10)$$

式中：F——亥姆霍兹自由能；

　　　E——内能。

在高温下，高熵组分对反应会产生较大的影响。在固体状态下，吉布斯自由能项很重要。在已经知道热熔和热熵的条件下，可以很容易地计算出任何温度下的自由能变化。如果反应能自发进行，自由能变化为负；如果反应处于平衡状态，自由能变化等于零。通过从生产产物的自由能中减去反应产物的生成自由能，可以计算出某一反应的自由能变化。

1.4.4.5　动力学

从动力学的角度而言，最重要的腐蚀参数是反应速率。系统能在非平衡或者最低自由能状态下保持额外长的时间，这些状态被称为亚稳态。亚稳态存在的原因有以下几种：①表面反应形成阻挡或强烈抑制反应扩散的壁垒；②反应要进行，首先必须经过一个能量比初始和最终状态都高的中间态。需要越过这一能垒的能量被称为激活能，所释放的净能量是反应热。如果没有获得足够的能量来克服激活能垒，那么系统将处于不稳定的亚稳态。克服能垒的原子数就是反应速率。

$$反应速率 = Ae^{-Q/RT} \qquad (1-11)$$

式中：A——含有频率项的常数；

　　　Q——激活能。

对式（1-11）取对数得：

$$\ln(速率) = \ln A - (Q/R)/T \qquad (1-12)$$

腐蚀速率的对数与温度倒数作图常得到一条直线，这表明腐蚀是一个被激活的过程。但是，由于腐蚀过程中扩散系数取决于发生扩散的材料成分和结构，而界面成分随温度变化，使得扩散的驱动力也随温度变化，它们与被激活过程没有任何关系。所以，实验过程中发现不同材料的激活能范围很大[77]。

反应速率取决于反应物的浓度，也取决于没有包含在化学计量方程中其他物质的浓度。作为影响速率的每一个物质浓度的函数，速率方程被称为反应速率定律。当速率方程含有浓度的幂时，反应的级相当于幂指数。速率只有通过实验才能确定。

第一级速率方程：

$$\mathrm{d}c/\mathrm{d}t = -kc^n \qquad (1-13)$$

式中：k——速率常数；

c——反应组元的浓度；

n——反应级数；

t——时间。

以 $\log c$ 相对时间作图，对于第一级反应得到的是一条直线。如果反应是第一级反应，那么反应进行 3/4 的时间是进行至一半时的两倍长。将反应方程式（1-13）在时间 t_1 和 t_2 对应的浓度极限 c_1 和 c_2 之间进行积分得：

$$k = \frac{1}{t_2 - t_1}\ln(c_1/c_2) \qquad (1-14)$$

由方程式可知，确定 k 需要评估在这两个时间的浓度比。于是，可以替换任何与浓度成比例关系的可测量性来进行分析。

然而，实验数据与理论模型往往存在偏差，这主要归因于颗粒形状、尺寸范围、反应物之间的不良接触、多种产物的形成以及成分对扩散系数的影响。腐蚀速率常常由单位时间内单位面积上被反应腐蚀的材料质量所表示。通过除以材料的密度，可以容易地把腐蚀速率转化成单位时间内穿透的深度：

$$p = \frac{M}{\rho At} \qquad (1-15)$$

式中：p——穿透深度；

M——质量损失；

ρ——密度；

A——暴露面积；

t——暴露时间。

其中，暴露于腐蚀的总面积包括试样的孔隙率。

1.4.4.6　扩散

当离子或分子不以大流量的形式迁移时，被称为扩散。物质将自发地向化学位低的区域扩散。物质的迁移或流量可以用菲克第一定律表示，与浓度梯度成比例关系，如下式：

$$J_{ix} = -D\left(\frac{\partial c_i}{\partial x}\right) \tag{1-16}$$

式中：J_{ix}——组元 i 在 x 方向的流量；

D——扩散系数；

c_i——组元 i 的浓度。

由式（1-15）可知，流量和浓度梯度成比例，从高浓度区流向低浓度区。

菲克第二定律描述了特定区域浓度随时间变化的扩散流非定态。

$$\frac{\partial c}{\partial t} = \frac{\partial}{\partial x}\left(D\frac{\partial c}{\partial x}\right) \tag{1-17}$$

由于扩散具有方向性，所以各向异性的影响非常重要。在不同的晶体方向上的扩散速率不同。由 x、y 和 z 的每一个方向的流量 J 方程所定义的第二级张量，含有 9 个标记为 D_{ij} 的一套扩散系数。在立方晶系中，扩散系数各向同性。四方、六方、正交和立方晶系中不同对称操作的影响，只有少数 D_{ij} 有非零值。所有非对角上的 D_{ij}（$i=j$）都为 0，3 个对角值非常重要，但其中一些又因对称性而相同。在余下的两类晶体中，独立系数的数目增加，但是因为 $D_{ij}=D_{ji}$，总数有些减少。

在固体被液体腐蚀的情况下，假设从液体进入固体的扩散组元浓度在边界（c_s）保持不变，而且等于整个液体的浓度值时：

$$c(x,t) = c_s\left\{1 - erf\left(\frac{x}{2\sqrt{(Dt)}}\right)\right\} \tag{1-18}$$

式中：c_s——表面浓度。

菲克方程通常假设 D 为常数，但在实际情况中，扩散系数会随温度、时间、成分或沿样品的位置而变化。

在陶瓷材料中，关于扩散的机理：一种是说扩散在非化学计量的材料里通过空位移动来进行；另一种扩散机理是通过从一个间隙位向另一个间隙位迁移来进行。由于陶瓷在应用过程中通常存在热梯度，所以热扩散对陶瓷也非常重要。在液体中，这种热扩散被称为 Soret 效应。用菲克第一定律来计算这一影响：

$$J_i = -D \frac{\partial c_i}{\partial x} - \beta_i \frac{\mathrm{d}T}{\mathrm{d}x} \qquad (1-19)$$

式中：β_i——与组分 i 的热梯度无关的常数，这个常数与 D 成比例[77]。

1.4.5 陶瓷腐蚀与性能

机械强度往往受腐蚀的影响。尽管其他性能也受腐蚀的影响，但是其他性能通常不会导致失效，而失效常与强度变化有关。强度损失不完全是腐蚀的机械效应，因为有些时候腐蚀还会导致强度增加。腐蚀产生的强度增加是样品表面层中裂缝和裂纹被愈合的结果，这主要归因于基体杂质扩散至表面。由于表面层与基体之间的热膨胀性不同，表面化学改变也许会在表面形成压力层。另外，表面改性层的体积比基体大也会形成表面压力层。这种表面压力层的形成还是少数。多数情况下会出现表面和基体之间热膨胀不匹配而开裂，或者形成低强度相的变异，最终表现为空洞、蚀坑、裂纹等形式。

腐蚀对工业所造成的损失非常巨大，只有对该过程的复杂性有透彻的理解，才有望将损失最小化。

第 2 章　实验方法

2.1　实验原料

（1）工业氧化铝

工业氧化铝是将铝矾土原料经化学处理，除去硅、铁、钛等的氧化物制得，是纯度很高的氧化铝原料，主要成分 α - Al_2O_3。Al_2O_3 有许多同质异晶体，已知的有 10 多种，主要有 3 种晶型，即 α - Al_2O_3、β - Al_2O_3、γ - Al_2O_3。不同晶型的氧化铝由于结构不同，性质也不同。在 1 300℃以上的高温时几乎完全转化为 α - Al_2O_3。工业氧化铝除了含有 α - Al_2O_3 之外，通常还有少量 SiO_2、Fe_2O_3、TiO_2、Na_2O、MgO、CaO 和 H_2O。行业标准要求工业氧化铝要具有较高的纯度，杂质含量，特别是 SiO_2 应尽量低。

按照物理性质不同，工业氧化铝分为砂型、中间型和粉型三种。三者的物理性质差别较大，但没有严格的统一标准来区分三种氧化铝。砂型氧化铝呈球状，颗粒较粗，约 $80\sim100\mu m$，烧结程度低，灼减约 0.8%～1.5%。砂型氧化铝中 α - Al_2O_3 含量少于 35%，γ - Al_2O_3 含量较高，具有较大的活性。粉型氧化铝平均粒度小，细粉多，煅烧温度高，α - Al_2O_3 大于 70%，真密度大、堆积密度低。中间型介于二者之间[79]。中国是全球最大的氧化铝生产国。随着我国电解铝、陶瓷、医药、电子、机械等行业的快速发展，市场对氧化铝需求量仍有较大的增长空间，氧化铝产量将会不断增长。

实验用的工业氧化铝有三种：氧化铝纯度＞99.5%，$D_{50}=3\sim4\mu m$；氧化铝纯度＞99.7%，$D_{50}=1\sim2\mu m$；氧化铝纯度＞99.8%，$D_{50}=0.5\sim1\mu m$。

（2）高钛铝矾土

矾土矿学名铝土矿、铝矾土，组成成分异常复杂，是多种地质来源极不相同的含水氧化铝矿石的总称。如一水软铝石、一水硬铝石和三水铝石（$Al_2O_3 \cdot 3H_2O$）；有的是水铝石和高岭石（$2SiO_2 \cdot Al_2O_3 \cdot 2H_2O$）相伴构成；有的以高岭石为主，且随着高岭石含量的增加，构成铝土岩或高岭石质黏土。在我国铝土矿系指矿石的含铝量较高（>40%），铝硅比值≥2.5（A/S≥2.5）。小于此数值的为黏土矿或铝土页岩或铝质岩。我国已探明的铝土矿储量中，一水铝石型铝土矿占全国总储量的98%左右。

实验选取的是高钛型铝矾土。铝矾土的主要化学成分如表2-1所示。对煅烧后的铝矾土进行X射线粉末衍射测试，结果如图2-1所示。

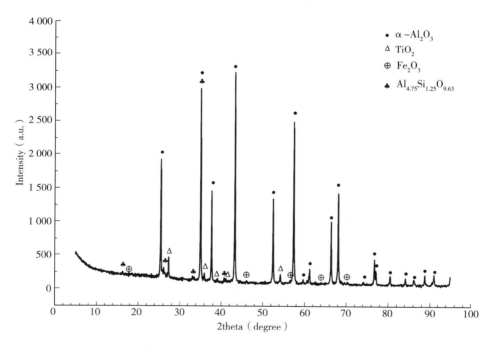

图2-1　高钛铝矾土X射线粉末衍射图

表2-1　高钛型铝矾土的主要化学成分

化学成分	Al_2O_3	SiO_2	TiO_2	Fe_2O_3	其他
含量（wt%）	88~89	4~6	4.0~4.6	1.0~2.0	<1

煅烧铝矾土的主要物相是 $\alpha - Al_2O_3$、TiO_2（金红石）、$Al_{4.75}Si_{1.25}O_{9.63}$（莫来石）和少量的 Fe_2O_3。TiO_2 含量较高是该铝矾土的主要特点。

（3）白云石

白云石是碳酸盐矿物，晶体属三方晶系，化学通式为 $CaMg(CO_3)_2$。理论组成 CaO 为 30.41%、MgO 为 21.87%、$m_{(CaO)}/m_{(MgO)} = 1.39$、密度 2.8～2.9g/cm³、莫氏硬度 3.5～4.0、性脆、与稀酸微反应。白云石一般呈白色或无色，通常有少量的 Fe^{2+}、Mn^{2+} 取代 Mg^{2+}，化学组成中常有铁、锰、偶含镍、锌等成分。白云石在高温下会分解生成 CaO、MgO 及 CO_2。在陶瓷工业中，添加白云石引入 CaO、MgO，在烧结过程中起助熔作用，降低烧结温度。白云石约 200～300 元/吨，价格便宜且储量丰富。

（4）工业碳酸钡

碳酸钡有 α、β、γ 三种结晶形态，α 型熔点 1 740℃（9.09 MPa），982℃时 β 型转化成 α 型，811℃时 γ 型转化为 β 型。相对密度 4.43。溶于稀盐酸、稀硝酸、乙酸、氯化铵溶液和硝酸铵溶液，微溶于含有二氧化碳的水，几乎不溶于水。碳酸钡在 1 300℃时分解为氧化钡和二氧化碳。工业碳酸钡中 $BaCO_3$ 含量 ≥99.00%、水分 ≤0.3%、盐酸不溶物灼烧残渣 ≤0.25%、含硫（以 SO_2 计）≤0.3%、含铁（以 Fe 计）≤0.004%、氯化物（以 Cl 计）≤0.01%。

（5）化学试剂

实验用的化学试剂如表 2-2 所示。

表 2-2　实验用的化学试剂一览表

试剂名称	分子式	规格	生产厂家
氧化镁	MgO	分析纯	天津市北方天医化学试剂厂
碳酸钙	$CaCO_3$	分析纯	汕头市西陇化工有限公司
碳酸钡	$BaCO_3$	分析纯	汕头市西陇化工有限公司
高岭土	$Al_2O_3 \cdot 2SiO_2 \cdot 2H_2O$	分析纯	广东西陇化工厂
三聚磷酸钠	$Na_5P_3O_{10}$	分析纯	汕头市西陇化工有限公司
磷酸三钠	Na_3PO_4	分析纯	广东西陇化工厂
二氧化钛	TiO_2	分析纯	汕头市西陇化工有限公司

（续）

试剂名称	分子式	规格	生产厂家
硼砂	$Na_2B_4O_7 \cdot 10H_2O$	分析纯	汕头市西陇化工有限公司
盐酸	HCl	分析纯	汕头市西陇化工有限公司
氢氟酸	HF	分析纯	汕头市西陇化工有限公司
无水乙醇	C_2H_5OH	分析纯	广东西陇化工厂
氯化钙	$CaCl_2$	分析纯	广东西陇化工厂
氧化钪	Sc_2O_3	99.9	清达精细化工有限公司
氧化钇	Y_2O_3	99.9	清达精细化工有限公司
氧化镧	La_2O_3	99.9	清达精细化工有限公司

实验所用的仪器和设备如表 2-3 所示。

表 2-3　实验仪器与设备

仪器名称	型号	生产厂家
电子分析天平	BP221S	赛多利
球磨机	JDIA-40	广西梧州市调速电机厂
电热鼓风恒温干燥箱	101A-1	上海实验电炉厂
程控箱式电炉	SGM	洛阳市西格马仪器制造有限公司
电热恒温水槽	DK-8B	上海精宏实验设备有限公司
X 射线衍射仪	X'Pert PRO	荷兰 PANalytical 公司
扫描电子显微镜	JSM-6 380LV	日本株式会社
场发射扫描电子显微镜	S-4 800	日本 Hitachi 公司

2.2　制备工艺

陶粒压裂支撑剂的制备过程：将原料按配比混合，经湿法球磨后烘干造粒成粉料，再将粉料成型、烧结得到样品，如图 2-2 所示。

图 2-2　陶粒制备的工艺流程

2.2.1　原料处理

原材料及处理方法是影响成型和烧成工艺的关键因素。原料处理包括改变原料粒度大小及分布、颗粒形状、流动性和成形性，去除吸附气体和低挥发点杂质，消除游离碳，洗去因各种原因引入的杂质等[80]，为获得性能优良的陶瓷材料做准备。

通常细颗粒对成型工艺很重要，因为胶态悬浮体、掺有液相黏结剂的塑性混合物以及干压成型工艺，均依赖于极细颗粒的相互流动或保持在稳定的悬浮状态。而且烧结过程需要借助表面能引起的毛细管作用力使材料固化和致密，这个作用力与颗粒尺寸成反比。所以，为了使烧结成功就必须具有相当比例的细颗粒。但若所有原料都具有均匀一致的细颗粒尺寸，则不可能形成高密度的固体。只有采用两种尺寸的颗粒时，细颗粒填充在较粗颗粒的间隙中，才可以获得最大的颗粒堆积密度，达到烧结体致密的效果。除了对颗粒尺寸及分布有一定要求外，还需要将原料充分混合，使坯体内具有均匀的性质，同时有利于烧成过程中各组分之间的相互反应。制备微米级颗粒常用的混料方法是球磨：将各种原料一同置于球磨罐中进行湿法混合。在混合过程中所产生的剪应力能改善混合料的性质，保证细颗粒组分的均匀分布[81]。

2.2.2　坯体成型

成型是陶瓷生产中一道重要工序，将坯料通过各种不同的成型方法做成规定尺寸和形状，并具有一定机械强度的生坯。陶瓷的成型技术对产品的性能有重要影响。支撑剂的成型属于滚动成型，又称造球。造球设备中，物料被液体润湿，并在机械力、颗粒间摩擦力和毛细力的作用下滚动成具有一定的机械强度圆球。压裂支撑剂的成型工艺主要有 4 种：圆盘式造粒法、喷雾干燥法、流化床法和强制造粒法[82]。

（1）圆盘式造粒法

应用最广的圆盘式造粒法属于离心造粒，包括预加水盘式成球法和干粉造粒法。预加水盘式成球法是在双轴搅拌机内用雾化水将生料粉均匀湿润，形成粒度均匀的球核，再在球盘中运行成球。干粉造粒则是把生料粉直接加入成球盘内并喷洒适量水，在成球盘中受离心力、摩擦力和重力的作用形成球核，球核沿抛物线运动并在运动过程中互相黏结，逐渐长大。当成球盘的倾角、盘边高、转速和水分等参数一定时，不同粒径的料球由于重力不同而按不同的脱离角离开盘边向下滚动。料球在滚动过程中将球内的水分排挤出表面。由于物料的黏结性以及表面液膜的自然挥发作用，使料球具有一定强度。

（2）喷雾干燥法

喷雾干燥法造粒采用高速搅拌将浆料混匀，再通过高压将混合好的浆料直接喷入造粒塔进行雾化，雾滴在热空气中迅速蒸发形成干燥产品。该法是一种借助蒸发直接从浆料中制得小颗粒的方法，省去蒸发、粉碎等工序。所制得的颗粒通常是球形，根据需要可以制成粉末状、颗粒状、空心球或团粒状[83]。

（3）流化床造粒法

流化床造粒法是喷雾、成粒、混合、反应及干燥为一体的造粒工艺，包括流化床喷雾造粒法、振动流化床造粒法及高速超临界流体造粒法。流化床喷雾造粒是将某种液体、熔融液、悬浮液或黏结液通过空气压缩机将空气压缩、雾化后喷射到已干燥或者部分干燥的颗粒流化床中，用团聚或涂布的方法使颗粒逐渐长大的一种造粒方法。流化气体的流速要足够大，以防止发生黏结现象。与传统造粒方法比，流化床喷雾造粒具有能耗低、工艺简单、生产强度大等优点；但该法制备的颗粒不够紧密，生球的强度差，制备过程中必须加入大量的黏结剂。当气体被用作物质、热量传载并在流化床中应用时，该设备被称为气体振动流化床。振动流化床是通过回转圆盘、回转圆筒实现造粒。振动流化床的优点是造粒速度快、强度高、经济效益高。高速超临界流体造粒法是利用超临界流体经过微细喷嘴的快速膨胀造粒。在膨胀过程中，突然变化的温度和压力提高了溶质的过饱和度，当溶液单向喷出时，会析出大量的微核，并短时间内迅速生长，形成均匀颗粒[83]。

（4）强制造粒法

强制造粒法是利用搅拌器在容器内偏心搅拌完成造粒作业。将物料和水加入有一定倾角的容器中进行高速搅拌，搅拌杆在转动过程中不断地带动粉料运动，当粉料被搅拌杆自下向上抛起后由于重力作用向下滚动的过程中，物料与水充分混合形成球核，慢慢长大，达到要求的粒度[82]。

我国油气压裂支撑剂造粒工艺已非常成熟，其中强力混合造粒法和糖衣锅造粒法是实验室中最常见的两种方法。强力混合造粒法虽然时间短、效率高，但是制备的压裂支撑剂半成品颗粒圆球度稍差；糖衣锅造粒法制备的支撑剂虽然半成品颗粒圆球度好，但是制备周期较长。因此，在实验室中可以搭配使用这两种造粒方法，以提高工作效率[64]。

强力混合造粒法是指利用强力混合机制备陶粒支撑剂半成品颗粒的工艺。由于强力搅拌机一次性得到的陶粒半成品的数量相对较少，因此该方法仅适用于实验室的小批量生产研究。该装置主要包括转盘、转子和机身，在高速旋转圆筒和反向转子之间产生的力使得粉末能够在短时间内形成球形固体颗粒产品。造粒时，先将称量好的混合粉料放入转盘中慢速搅拌 2min 左右，使原料之间能够充分混合；然后改变为快速搅拌，并向转盘中加入适量的水分使其成长为球形颗粒，在此过程中，应注意加水不应过量，否则颗粒会过大，导致实验失败；最后再将事先准备好的混合粉料的干粉倒入转盘，防止颗粒长大速度过快，并能对颗粒起到抛光的作用，以形成圆球度和表面光洁度相对较好的陶粒支撑剂半成品。该方法制备陶粒支撑剂时间短、效率高，缺点是半成品颗粒圆球度稍差。

糖衣锅造粒法又称盘式造粒法。盘式造粒机转盘盘面倾斜安装，物料在转盘中转动并在重力作用下呈螺旋状运动。将溶液、浆液或熔体喷洒在转盘左上角的材料上，湿材料在移动的挤出物中造粒并迁移到材料床的表面，然后移动到转盘的下边缘溢出。造粒时，将按比例配制的混合粉末倒入罐体中进行混合，随着锅体的旋转不断吸附周围的粉末，颗粒逐渐长成球状，最终全部长成球形固体颗粒。该方法制备的陶粒支撑剂半成品颗粒圆球度较好，缺点是产生周期较长[64,84,85]。

2.2.3　坯体烧结

烧成是对陶瓷生坯进行高温焙烧，使之发生质变成为陶瓷产品的过程，是陶瓷生产中的一道关键工序。烧成过程中坯体发生一系列物理化学变化，包括脱水、分解、晶型转变、物相生成和致密化等，从而形成一定的矿物组成和显微结构，获得所要求的性能。这一过程中，烧结是最重要的过程。陶瓷烧结工艺可分为常压烧结、热压烧结、热等静压烧结和微波烧结等，较经济普遍的烧结方法是常压烧结[80]。

焙烧是压裂支撑剂工艺加工的关键工序之一，也是最难控制的工序之一。焙烧过程通常包括干燥、预热、焙烧、均热、冷却五个阶段。支撑剂坯体在受热条件下不仅发生水分蒸发、矿物软化和冷却等物理过程，也伴随着新物相产生、水合离子分离、分子团聚等化学过程。因为支撑剂球径小，要求焙烧均匀性高。另外，焙烧温度的高低直接导致物料形成不同的矿物相，影响产品质量。达到一定温度后，各组成微粒间将发生一系列固相反应：低熔点物质先软化起助熔剂作用；颗粒间发生反应形成多元化合物；组分之间发生结晶、再结晶，形成新的熔融物；晶体在支撑剂内由外向内径向生长，形成网状结构，孔隙率减小，最终达到支撑剂致密化[86]。

在烧结过程中，有三个基本过程：在烧结的初始阶段，颗粒经历重排和结合，质点从颗粒的其他部分转移到颈部，空位从颈部消失反向迁移到其他部位，因此颈部的体积增长率等于传质速率。在烧结过程进入中期后，颗粒正常生长，质点的扩散主要通过体积扩散和晶界扩散到孔隙表面，空位反向扩散并消失，生坯的孔隙率降低到 5% 左右，收缩率为 90%。在烧结过程进入末期后，孔闭合并彼此隔离，晶粒显著生长，只有扩散机制才是重要的，其收缩率和密度值均已接近理论值[64,87]。

依照制备陶瓷的工艺过程，实验按照配料比将配好的原料放入球磨罐中进行湿法球磨。倒出浆料，在干燥箱中烘干后研磨成粉备用。压裂支撑剂采用滚动成型，生坯直径为 0.8～1mm。随后将生坯放入箱式电阻炉中烧结，烧结制度为升温速度 5℃/min，保温时间 1h，当炉子温度降至室温后取出试样（图 2-3）。制备好的压裂支撑剂再

图 2-3　实验制备的陶粒压裂支撑剂

进行后续的性能测试和结构表征。压裂支撑剂的测试方法依据国家发展与

改革委员会发布的石油天然气行业标准 SYT5108—2006《中华人民共和国石油天然气行业标准：压裂支撑剂性能指标及测试推荐方法》。

2.3　表征和测试方法

制备好的陶粒通过吸水率测试确定其烧成温度。对烧成的陶粒进行如下测试：视密度和酸溶解度，通过 X 射线粉末衍射分析酸腐蚀前后陶瓷物相组成的变化，利用扫描电镜和能谱仪分析陶瓷腐蚀区域与内部未被腐蚀区域显微结构和元素分布的变化。

2.3.1　吸水率测试

吸水率是表征制品开口气孔率的参数，是陶瓷制品重要技术性能指标之一，反映了陶瓷的烧结显微结构和致密性。吸水率越小制品越致密坚硬。通常用吸水率来判断陶瓷的初始烧结温度。使用德国赛多利 BP221S 型分析天平测试样品的吸水率，行业标准要求吸水率≤0.01％，计算公式如下：

$$A = \frac{M_1 - M_2}{M_1} \times 100\% \qquad (2-1)$$

式中：A——样品的吸水率，％；

$\quad\quad\ M_1$——干燥试样的质量，g；

$\quad\quad\ M_2$——水中浸泡后在空气中的质量，g。

2.3.2　密度测试

材料的质量和体积之比称为密度。密度可分为真密度、体积密度和视密度（表观密度）。自然状态下，材料的体积包括实体积和孔体积，孔体积又分为闭口孔体积和开口孔体积，如图 2-4 所示[88]。

真密度是材料在绝对密实状态下单位体积固体物质的实际质量。真密度只与构成材料固体物质的化学成分和分子结构有关，同种物质构成的材料其真密度是一恒量。体积密度是材料在自然状态下单位体积（包括材料实体和孔体积 V_0）的质量。测试体积密度时，球状松散堆积，此时表面

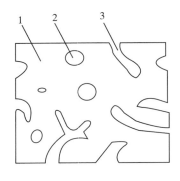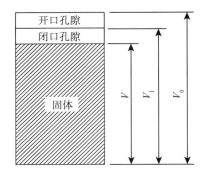

图 2-4　自然状态下体积示意图

注：1—固体；2—闭口孔隙；3—开口孔隙

粗糙的球坯流动性差，空隙率较大。体积密度的大、小会直接影响到水力压裂施工作业中支撑剂的用量，从而影响企业生产成本的高低。所以，在保证支撑剂强度的情况下要尽可能地降低支撑剂的体积密度，从而达到降低成本的目的。视密度（表观密度）是单位体积（含材料实体和闭口孔隙体积 V'）物质颗粒的质量。压裂支撑剂的视密度为单位颗粒体积的支撑剂质量。视密度的大小也会影响水力压裂施工作业，视密度过大将加速压裂液中支撑剂的沉降速度，使支撑剂在井筒口形成大量的丘状堆积，从而减小了导流能力；同时，视密度过高的支撑剂还会对压裂液及压裂设备提出更高的要求，这会进一步增大油气开采的难度和生产成本。一般多采用体积密度和视密度来判断烧结体的烧结情况和致密程度。

　　体积密度测试方法如下：先称量干燥试样的质量（m_1），在 105℃ 的干燥箱中烘干，冷却至室温称量。然后把试样浸入液槽中，使试样完全被去离子水淹没后静置待试样充分吸饱水后，记下饱和试样悬浮在液体中的质量（m_2）。随后从浸液中取出试样，擦干表面多余液滴，称量饱和试样在空气中的质量（m_3），体积密度的计算公式为：

$$\rho_b = \frac{m_1}{m_3 - m_2} \times \rho_水 \qquad (2-2)$$

　　式中：ρ_b——体积密度，g/cm^3；

　　　　　m_1——干燥试样的质量，g；

　　　　　m_2——饱和试样悬浮在液体中的质量，g；

m_3——饱和试样在空气中的质量，g。

视密度根据行业标准的要求，测试方法如下：称密度瓶质量为 m_1，瓶内加满水称量为 m_2，倒出瓶内的水烘干密度瓶，瓶内加适量支撑剂样品称量为 m_3，将带有压裂支撑剂样品的瓶内装满水，排除气泡，继续装满水，称量为 m_4。压裂支撑剂的视密度的计算公式为：

$$\rho_a = \frac{M_s}{V_s} \qquad (2-3)$$

式中：ρ_a——支撑剂的视密度，g/cm^3；

M_s——瓶内支撑剂的质量，g，$M_s = m_3 - m_1$；

V_s——瓶内压裂支撑剂的体积，cm^3，$V_s = \dfrac{m_2 - m_1}{\rho_w} - \dfrac{m_4 - m_3}{\rho_w}$

ρ_w——水的密度。

2.3.3 酸溶解度测试

腐蚀由动力学和热力学同时控制，充分了解陶瓷的使用环境和环境中可能引起腐蚀的成分，对研究陶瓷腐蚀非常必要。对腐蚀的研究往往会采用加速腐蚀试验的方法，比如提高温度或增加腐蚀介质的浓度。由于加速试验的腐蚀机理往往与真实腐蚀环境不同，因此尽量采用与真实腐蚀环境一致的条件。进行陶瓷在溶液中的腐蚀试验，溶液的体积和陶瓷暴露的表面积是非常关键的两个影响因素。此外，测试所用的样品的选择对结果也有重要影响。粉状试样比固体试样有更大的腐蚀表面积，因而腐蚀速度大得多。也许这会被认为是一种很好的获得快速试验的方法，但是腐蚀溶液的饱和可能引起腐蚀的停止，从而得出错误的结论。陶瓷与腐蚀溶液的面容比（SA/V），以及腐蚀过程中表面积变化对面容比的影响都是要考虑的问题。压裂支撑剂的腐蚀情况用酸溶解度进行量化。

压裂支撑剂的酸溶解度是指在规定的酸液和反应条件下，一定质量的支撑剂被酸溶解的质量与总支撑剂质量的百分比。它是衡量压裂支撑剂质量优劣的重要指标之一，是决定酸化压裂复合技术能否成功的关键。测试方法如下[89]：把 5g 压裂支撑剂放入 100ml 盐酸和氢氟酸的混合溶液中（盐酸和氢氟酸的质量百分比分别为 12% 和 3%），在 65℃ 的水浴中恒温半小时；将压裂支撑剂样品和酸液倒入装有定性滤纸的漏斗中用蒸馏水冲洗支撑剂样品，直至洗液显示中性为止，将滤纸及其内的压裂支撑剂一起放入烘箱内在 105℃下烘干，放入干燥器冷却半小时后立即进行称量。酸溶解度的计算公式为：

$$S = \frac{M_1 - M_2}{M_1} \times 100\% \qquad (2-4)$$

式中：S——酸溶解度，%；

M_1——样品酸溶解前的质量，g；

M_2——样品酸溶解后的质量，g。

2.3.4 抗破碎能力测试

抗破碎率是反映压裂支撑剂强度的一个重要指标。对于一定量的压裂支撑剂，通过额定压力下的压力测试确定的破碎率表征了支撑剂抵抗破碎的能力。破碎率的大小是影响水力压裂施工作业成功与否的关键因素，破碎率低的支撑剂产品可以被用于深层井、甚至是超深层井的压裂，而破碎率相对较低的支撑剂只适用于浅层井的开采。这主要是因为破碎率高的支撑剂不能承受或是不能长时间承受深层井中的高闭合应力，而大量破碎的支撑剂碎屑会堵塞导流通道，降低支撑剂的导流能力；而且，还会有一部分碎屑随开采的石油一道被抽离，进而降低了石油的纯度，增大了携砂液的除砂难度，进一步增加了生产成本[64]。

按照石油天然气行业标准 SYT5108—2006 进行抗破碎率测试。具体方法是：将支撑剂样品倒入破碎室内，用 1min 的恒定加载时间将额定的载荷匀速加在受压破碎室上，稳载 2min 后卸掉载荷。将破碎后的支撑剂样品倒入粒径规格下限的塞子中，振塞 10min，取底盘中的破碎颗粒，计算样品的破碎率百分比。破碎率的计算公式为：

$$\eta = \frac{m_c}{m_p} \times 100\% \qquad (2-5)$$

式中：η——支撑剂的破碎率；

m_c——破碎样品的质量，g；

m_p——支撑剂样品的质量，g。

2.3.5　X 射线粉末衍射测试

X 射线粉末衍射（XRD）是利用 X 射线在晶体中的衍射现象来分析材料的晶体结构、晶格常数、晶体缺陷、不同结构相含量、结晶度等的方法。结晶物质都有特定的化学组成和结构参数。当 X 射线通过晶体时，产生特定的衍射图谱，对应一系列特定的面间距 d 和相对强度 I/I_1。X 射线衍射峰的强度由晶体结构（晶胞内原子的种类、数目、排列方式）决定，衍射峰的位置与晶型有关，峰宽可以用于晶粒尺寸计算，峰面积是结晶度的大小，峰的形状可以判断结晶结构的完善程度[90]。

XRD 物相分析原理是依据 X 射线对不同晶体产生不同的衍射效应来鉴定物相。任何一种结晶物质的衍射数据面间距 d 和相对强度 I/I_1 是晶体结构的必然反映。物质的衍射线条数、位置及强度，是物质的特征，是鉴别物质的标志。不同物质混在一起时，各自的衍射数据将同时出现，互不干扰地叠加在一起。因此，可根据各自的衍射数据来鉴定各种不同的物相。

利用 XRD 可以精确测定晶体物质的点阵参数。点阵参数是晶体结构的基本参数。若在某种纯物质中固溶了异类原子或异类化合物，因两种原子或两种化合物的原子半径不同，所以尽管晶体结构不变，但点阵参数却发生了变化。通过测定点阵参数可以判断是否生成固溶体[91]。XRD 测试可以采用粉末或固体试样，用量 1～1.5g。对于多相粉末样品，次要组分的量大于 1%～2% 才能检测到。一旦知道腐蚀后陶瓷的矿物结构，对比未腐蚀的原始材料，有助于确定腐蚀机理。

实验采用荷兰帕纳科（PANAlytical）公司的 X'Pert PRO 型 X 射线衍射仪对样品进行测试，以确定样品中的物相组成。将烧结后的样品研磨成粉末备用。测试条件：Cu 靶、管电压 40 kV、管电流 40mA、扫描速度 6°/min、步长 0.02°、2θ 角范围 5°～90°。

2.3.6　扫描电镜测试

材料的显微结构对性能有重要影响。扫描电子显微镜是一种利用电子束扫描样品表面某微区时与固态试样相互作用，产生二次电子、背散射电子、特征 X 射线和俄歇电子等物理信息，经处理后获得试样微区的几何形貌、组成分布和各相形状等的电子显微图像，用于观察样品的表面形貌、鉴定样品的表面结构[92]。场发射扫描电镜不仅具有超高分辨率，能做各种固态样品表面形貌的二次电子像、反射电子像观察及图像处理，还带有高性能 X 射线能谱仪（EDS），能同时进行样品表层的微区点线面元素的定性、半定量及定量分析，具有形貌、化学组分综合分析能力[93]。

如果需要对腐蚀表面积评价而又不想破坏整个试样，扫描电镜/能谱（SEM/EDS）能得到有价值的信息。对大多数陶瓷来说，测试前试样需要镀一层碳或金导电。SEM 整个形貌的分辨率达到几十纳米，EDS 数据的分辨率通常在 1 微米的级别。EDS 数据是从局部而不是整个表面得到，导致 EDS 数据具有跳跃的特征，而不是整个形貌上观察的结果。尽管 SEM 能在粗糙表面上观察，但是 EDS 最好在抛光或平整表面上进行。SEM/EDS 结合 XRD 进行分析是评价腐蚀非常有效的手段。

实验采用日本 Hitachi 公司生产的 S-4800 场发射扫描电子显微镜观察样品的显微结构并用能谱仪分析元素的分布情况。将陶粒用抛光机（JKOL208）抛光出一平面后热蚀、喷金，将酸腐蚀后的压裂支撑剂样品砸开，选取断面经喷金后测试。

第 3 章 　 含钡体系耐酸氧化铝陶瓷材料

3.1 　 前言

　　氧化铝陶瓷具有高强度、高硬度、耐高温、耐磨损、耐腐蚀、抗氧化、无毒等优点，是目前用途最广、用量最大的先进陶瓷材料，在国民经济和国防工业等领域有着广阔的应用前景[94-96]。仅在耐腐蚀材料方面，就涉及过滤膜、油管、阀门、密封件、超临界水气化反应器、反应堆防腐层、人工骨及制酸系统中塔、池、罐、槽的防腐内衬等诸多产品。

　　由于氧化铝陶瓷是绝缘体，在溶液中产生的腐蚀是化学腐蚀，因此其耐蚀性主要取决于化学稳定性[97]。根据路易斯酸碱理论，酸性氧化物和化合物能抵制酸液的侵蚀，而易于被碱侵蚀。纯的氧化铝是两性氧化物，且 Al-O 之间存在很大的键合力，故氧化铝陶瓷的耐化学腐蚀性很强，并随着含量的增加而显著提高。高纯氧化铝陶瓷对无机酸和碱的抵抗能力见表 3-1。许多复合的硫化物、磷化物、砷化物、氯化物、氮化物、溴化物、碘化物、干氟化物以及硫酸、盐酸、硝酸、氢氟酸都不与 Al_2O_3 作用[97]。但是，酸碱理论只能粗略地评判陶瓷的耐腐蚀性能，因为次要组分的存在对性能的影响也非常显著[98]。特别是在工业应用中，氧化铝陶瓷为了满足力学性能、烧结性能、使用性能等要求，多元体系成为主要的发展方向[99]。而多晶多相氧化铝陶瓷的晶界和次晶相是最易被腐蚀的薄弱部位。

　　添加剂对陶瓷耐腐蚀性能起着决定性的影响。我们课题组前期在对中、低档压裂支撑剂的研究中发现[62]，当以耐火材料废料、黏土、TiO_2 为原料制备压裂支撑剂时，产物中有钙长石（$CaAl_2Si_2O_8$）；当添加 $BaCO_3$ 后，出现了单斜钡长石（$BaAl_2Si_2O_8$），且支撑剂的耐酸性能有所提高。这些结果表明，单斜钡长石对压裂支撑剂的耐酸性能起着至关重要的作用。

表 3-1　氧化铝陶瓷（$Al_2O_3 > 99\%$）的耐蚀性

酸的种类	温度（℃）	腐蚀损耗（g/cm³）	酸的种类	温度（℃）	腐蚀损耗（g/cm³）
HNO_3	20	$<0.1\times10^{-4}$	HF 38%	20~100	$<1\times10^{-4}$
HCl	沸	0.2×10^{-4}	H_3PO_4 83%	20	1×10^{-4}
HNO_3	100	$0.2\times10^{-4}*$		100	$<5\times10^{-4}$
H_2SO_4	100	$<0.5\times10^{-4}*$	NaOH 20%	20~100	$<1\times10^{-4}$

注：所列数据适用于较纯的氧化铝陶瓷和作用时间较长的条件；＊与浓度无关。

　　为了探明钡长石在氧化铝陶瓷烧结过程中的形成条件，实现可控调节，以及提高陶瓷耐酸性的相关机理，本章以工业氧化铝为主要原料，添加碳酸钡、高岭土、白云石、方解石、菱镁矿等制备氧化铝陶瓷。

3.2　实验部分

　　烧结后的氧化铝陶瓷主晶相为刚玉，按照钡长石相占比分别为 0、5%、10%、15%设计原料配比。根据传统的陶瓷生产工艺完成样品 Ba_0、Ba_5、Ba_{10}、Ba_{15} 的制备，研究钡长石含量对氧化铝陶瓷性能的影响。各样品化学组成如表 3-2 所示。首先，按照配料比称取原料放入球磨罐中，采用湿法球磨24h。倒出浆料，在105℃的干燥箱中烘干后研磨成粉，经滚动成型制成直径为 0.8~1mm 的生坯。随后将生坯放入箱式电阻炉中，分别在 1 440~1 560℃下烧结，烧结制度为升温速度 5℃/min，保温时间 1h，当炉子温度降至室温后取出试样。制备好的压裂支撑剂再进行后续的性能测试和结构表征。

表 3-2　高铝陶瓷的化学组成（wt%）

No.	Al_2O_3	BaO	SiO_2	CaO	MgO	其他
Ba_0	88.0	0	4.8	3.8	2.6	0.8
Ba_5	95.6	2	1.6	—	—	0.8
Ba_{10}	92.0	4	3.2	—	—	0.8
Ba_{15}	88.0	6	4.8			0.2

3.3　实验结果与分析

3.3.1　碳酸钡含量对烧结温度的影响

烧成温度范围是指开始烧成时的温度与开始过烧时的温度之间的范围。在该温度范围内烧成的陶瓷具有良好的致密性、机械强度及其他所期望得到的性质。烧结温度范围越宽就越容易控制陶瓷的烧成。所以，烧结范围的宽窄不论对于实验还是生产都具有十分重要的意义。在实验中，用样品的体积密度和吸水率来表征其烧结程度。将试样放入可控硅钼炉中，分别在 1 320℃、1 360℃、1 380℃、1 400℃、1 450℃、1 480℃、1 500℃、1 520℃ 下进行试烧，保温 1h，烧结采用慢速升温的方式，烧成后的样品随炉自然冷却，分别测量它们的吸水率和体积密度从而确定最佳烧成温度。烧成后样品的吸水率和体积密度如表 3-3 所示。

表 3-3　烧成后样品的吸水率和球密度

No.	烧成温度（℃）	吸水率（%）	视密度（g/cm³）
Ba_0	1 440	0	3.71
Ba_5	1 480	0.02	3.75
Ba_{10}	1 520	0.06	3.78
Ba_{15}	1 560	0.11	3.79

陶瓷烧成温度与吸水率和体积密度密切相关。高温烧结是晶界移动、晶粒长大的过程。晶粒长大不是小晶粒的互相黏结，而是晶界移动的结果。形状不同的晶界，移动的情况各不相同。弯曲的晶界总是向曲率中心移动。曲率半径越小，移动就愈快。在烧结后期的晶粒长大过程中可能出现气孔迁移速率显著低于晶界迁移速率的现象。这时，气孔脱开晶界，被包裹到晶粒内。此后由于物质扩散路程加长，扩散速率减小等因素，使气孔进一步缩小和排除变得几乎不可能。在这种情况下继续烧结很难使致密化程度有所提高，但晶粒尺寸会不断长大，甚至会出现少数晶粒的不正常长大现象，使残留小气孔更多地深入到大晶粒的深处。

由于 Al_2O_3 晶体自身阳离子电荷多，扩散系数低，导致烧结温度高，且在烧结中后期容易发生晶粒异常长大、结构不均匀，甚至出现包裹封闭气孔、结晶结合强度下降、材料性能恶化等情况。因此，在陶瓷烧结过程中，常采用添加剂来改善烧结性能和提高制品强度。添加剂的作用有以下几种：①与 Al_2O_3 在晶界形成第二相，以钉扎抑制晶粒生长，使晶体结构得到细化，或提高 Al^{3+} 离子缺陷浓度，加速 Al^{3+} 离子的晶格扩散，提高结构致密度；②利用最低共熔机理或晶格缺陷机理降低烧结温度；③利用相变、弥散颗粒、晶须和纳米颗粒来提高制品的各项性能。Al_2O_3 陶瓷坯体烧结后，在宏观上的变化是：体积收缩、致密度提高、强度增加。烧结程度可以用坯体的收缩率、气孔率或体积密度与理论密度的比值等来衡量。当坯体吸水率降至 5％ 以下时，便开始烧结；降至 1％ 以下，完全烧结。从开始烧结到完全烧结，其间坯体的密度、体积均无明显变化，通常将此区间对应的温度范围叫做烧成温度范围。制品的最佳烧成温度就是在此温度范围内确定[80]。

由表 3－3 可知，随着碳酸钡含量的增加，样品的初始烧结温度大幅度升高。未添加碳酸钡的样品 Ba_0 在 1 440℃ 已经完全不吸水；而当添加 2wt％ 的碳酸钡时，样品的初始烧结温度升高至 1 480℃；当添加量增至 6wt％ 时，即便温度升高至 1 560℃，样品仍有少量吸水。实验结果表明，碳酸钡的加入不利于陶瓷烧结。

观察样品的视密度，未添加碳酸钡的样品视密度为 $3.71g/cm^3$。随着碳酸钡添加量的增加，样品的密度略微逐渐增大。实验结果表明，碳酸钡能提高氧化铝陶瓷的致密度，只是提高幅度不大。

3.3.2　钡长石含量对氧化铝陶瓷酸溶解度的影响

将 5g 样品放入 100ml 盐酸—氢氟酸混合酸中，在 65℃ 水浴内恒温 0.5h 后取出过滤，用蒸馏水冲洗样品至洗液显中性，最后将滤纸和小球放入烘干箱中烘干并称重。通过式（2－4）计算酸溶解度，实验结果如图 3－1 所示。

测试结果显示，四组样品的酸溶度均满足行业标准的要求（酸溶解度的允许值≤5.0％）。样品 Ba_0 是 $CaO-MgO-Al_2O_3-SiO_2$ 体系的氧化铝陶瓷。以钙镁复合添加剂作为烧结助剂，在最佳工艺条件下所制备样品的酸

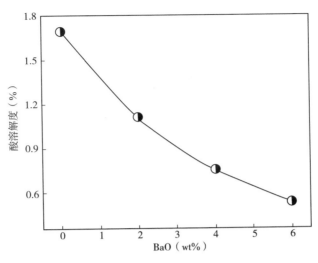

图 3-1　不同含量 BaO 陶粒的酸溶解度

溶解度已经低至 1.73%，耐酸性能非常优良。当以同样是碱金属化合物的碳酸钡代替钙镁复合添加剂时，样品的酸溶解度出现了大幅度的降低，且随着钡含量的增加，耐酸性能显著提高。当钡含量达到 6wt% 时，氧化铝陶瓷的酸溶解度降到 0.53%，约为无钡样品酸溶解度的 1/3。实验结果证实，添加碳酸钡能有效提高氧化铝陶瓷的耐酸性能，且随着陶瓷中钡长石含量的增加，耐酸性能越好。

3.3.3　钡长石含量对氧化铝陶瓷破碎率的影响

抗破碎能力是在额定压力下对一定体积的支撑剂进行承压测试，以破碎率表征其抗破碎的能力。破碎率高，则抗破碎能力低。抗破碎能力是评价压裂支撑剂优劣的重要指标之一，对保持裂缝内的高导流能力至关重要[48]。四组样品在 86MPa 下进行抗破碎实验，结果如图 3-2 所示。

由图 3-2 可知，随着 BaO 含量的增加，样品的破碎率先略微降低后缓慢增加，当氧化钡超过一定量时，破碎率迅速增加。不含钡长石的样品 Ba_0，86MPa 下破碎率为 2.1%；当样品中含有约 5% 钡长石时，样品 Ba_2 的破碎率略低于 Ba_0，为 1.95%，近乎不变；然而当样品中含有约 10%

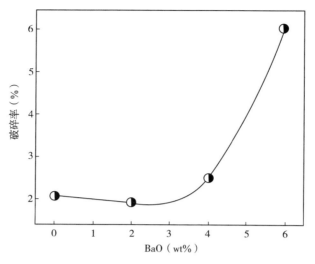

图 3-2　BaO 含量与陶瓷破碎率的关系曲线

钡长石时，破碎率升高至 2.5％，略高于无钡样；但是，含有约 15％钡长石的样品破碎率竟高达 6％，是无钡样 Ba$_0$ 的近 3 倍。实验结果表明：钡长石的存在对氧化铝陶瓷的强度有不利影响。

结合密度结果，说明在 BaO－Al$_2$O$_3$－SiO$_2$ 体系中，陶瓷的致密度和强度之间没有明显的必然联系。虽然高含量的钡长石对提高氧化铝陶瓷的耐酸性非常有利，但综合考虑烧结温度和破碎率，氧化钡的加入量不应超过 4％。

3.3.4　物相组成分析

采用 X 射线粉末衍射仪对样品进行测试。图 3.3～图 3.6 为样品 Ba$_0$、Ba$_5$、Ba$_{10}$、Ba$_{15}$ 酸溶前的粉末衍射图。图 3-7 为样品 Ba$_{15}$ 酸溶前后对比的粉末衍射图。

对比腐蚀前 4 组样品的 XRD 图谱发现：无钡压裂支撑剂 Ba$_0$ 的物相包括氧化铝（Al$_2$O$_3$），少量的钙黄长石（Ca$_2$Al$_2$SiO$_7$）和镁铝尖晶石（MgAl$_2$O$_4$）；含钡压裂支撑剂的物相主要由氧化铝（Al$_2$O$_3$）和六方钡长石（BaAl$_2$SiO$_8$）组成，且随原料中氧化钡含量的增加，六方钡长石的生成量逐渐增多。结合表 3-2 氧化铝陶瓷的化学成分配料表，样品 Ba$_0$ 和样

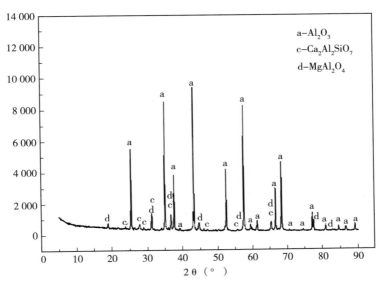

图 3-3　样品 Ba_0 的 XRD 谱图

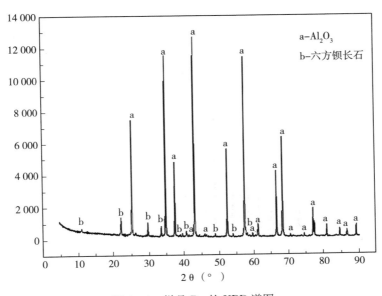

图 3-4　样品 Ba_5 的 XRD 谱图

品 Ba_{15} 中 Al_2O_3 的含量相同，酸溶解度却相差很大（图 3-1）；样品 Ba_5 和 Ba_{10} 的原料中，Al_2O_3 含量逐渐减少，BaO 含量逐渐增多，酸溶解度却明

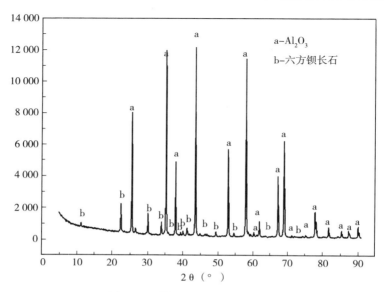

图 3-5　样品 Ba_{10} 的 XRD 谱图

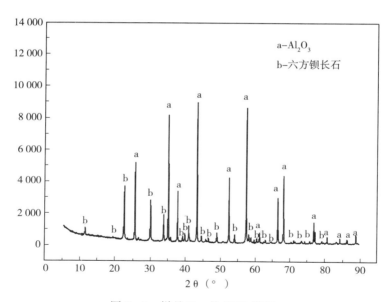

图 3-6　样品 Ba_{15} 的 XRD 谱图

显降低。表明加入的碳酸钡与原料中的氧化铝、二氧化硅反应生成钡长石，反应方程式为：

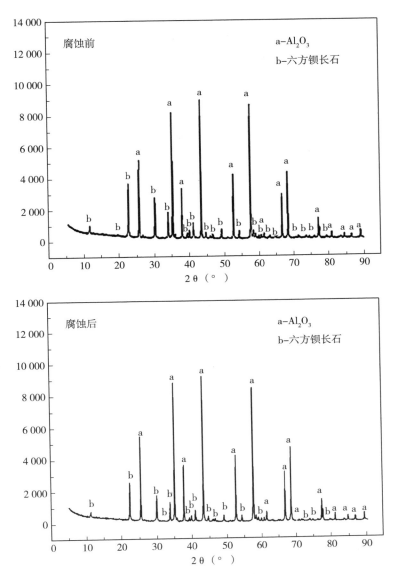

图 3-7　样品 Ba_6 酸溶前后的 XRD 谱图对比

$$Al_2O_3 + 2SiO_2 + BaCO_3 \xrightarrow{\text{高温}} BaAl_2Si_2O_8 + CO_2 \uparrow$$

钡长石对提高氧化铝陶瓷的耐酸性能起到了关键作用。钡长石在自然界中的分布极少，工业上用的大量钡长石均为人工合成。由于钡长石的熔点为 1 770℃左右，所以合成的时候需要添加助溶剂。田小让[62]以 Al_2O_3、$BaCO_3$、SiO_2 为主要原料，$Na_2B_4O_7 \cdot 10H_2O$ 为烧结助剂，在 1 530℃下保温 3h 合成钡长石，得到了单斜和六方混合晶型的钡长石，（如图 3-8 所示）。对合成出的混合钡长石在 12％ HCl 和 3％ HF 的混合酸液中进行酸溶解度测试。混合钡长石的溶解度为 1.01％，表明钡长石对盐酸和氢氟酸的混合酸液有着较强的耐酸性能。无钡样品和含钡样品中都存在长石类物相，为了研究钡长石和钙长石耐酸性能的差异，赵艳荣在 1 460℃合成了钙长石（如图 3-9 所示），并测试了其酸溶解度，为 27.01％。实验结果表明，钙长石的耐酸性能较差[100]。

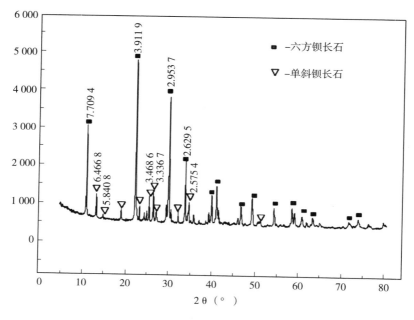

图 3-8　合成钡长石的 XRD 图[62]

样品 Ba_6 酸溶前后的 XRD 谱图对比显示（图 3-7）：腐蚀前后，样品的物相组成没有变化，均是氧化铝和钡长石，仅是钡长石的峰强略有减少。证明：陶粒虽然被腐蚀了，但腐蚀掉的物质很少。

赵艳荣[100]对腐蚀后的钙长石和钡长石进行物相分析，发现钙长石腐蚀后没有出现新物相。在测试过程中，滤纸下的酸溶液呈乳白色。这一现

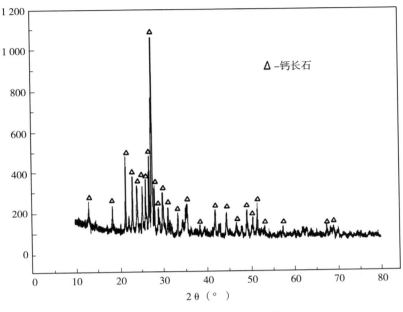

图 3-9　合成钙长石的 XRD 图

象表明：钙长石在腐蚀过程中，晶粒被溶解变小，晶界被酸液破坏，从而形成钙长石的细小颗粒落入酸溶液中，继续溶解；或者生成了溶于酸液的物质。经资料查询发现：化合物中存在 $CaSiF_6$（六氟硅酸钙），是一种白色晶体，溶于水及盐酸。这进一步证明了，钙长石易溶于盐酸、氢氟酸的混合酸液的事实。而钡长石在腐蚀过程中，有新物质 $BaSiF_6$ 和 $BaAlF_5$ 生成。腐蚀后的酸溶液透明无色，无浑浊现象。由于 $BaSiF_6$（六氟硅酸钡）为白色斜方晶系针状结晶，不溶于水，微溶于稀酸，因此具有较好的耐酸腐蚀性能。

综上所述，通过生成耐酸相来提高氧化铝陶瓷的耐酸性能是改善陶粒压裂支撑剂质量的有效方法。

3.3.5　形貌分析

对无钡样品 Ba_0 和耐酸性能最好的样品 Ba_{15} 的断面进行扫描电镜测试，结果如图 3-10 和图 3-11 所示。

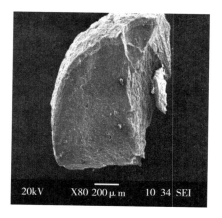

图 3-10　样品 Ba_0 腐蚀后的断面　　　图 3-11　样品 Ba_{15} 腐蚀后的断面

由图 3-10 可以看出，酸溶后的 Ba_0 表面有明显的腐蚀疏松层，厚度约 40um。实验过程中，滤纸上并未发现从陶瓷上腐蚀掉的物质，推测被腐蚀物质溶于了酸液。由表 3-3 中的密度结果可知，样品 Ba_0 本身致密度较高；腐蚀后，疏松层又附着在陶粒表面，所以样品的酸溶度小（图 3-1 中 Ba_0 的酸溶解度为 1.69%）。但随着酸溶时间的延长，疏松层将会慢慢脱落，对压裂支撑剂的耐腐蚀性能不利。酸溶后样品 Ba_{15} 表面（图 3-11）生成了一层致密的皮壳，很薄，在显微镜下用针很难拨动，而无钡样品 Ba_0 表面的疏松层较容易拨动，说明这层皮壳对支撑剂的内部能够起到保护作用，可以有效减缓或防止酸液对样品内部的进一步腐蚀。赵艳荣[100] 对两组样品的内部进行了扫描电镜测试，如图 3-12 和图 3-13 所示。

从图 3-12 可以看出，样品 Ba_0 结构致密，气孔数量少，气孔尺寸小，液相烧结特点明显。样品 Ba_{15} 的结构中气孔数量多且尺寸大小不一，出现部分大晶粒的偏析现象，然而晶粒自形程度良好（图 3-13）。由于在烧结过程中，随着温度的升高，碳酸盐类原料开始分解，生成 CaO、BaO 及 CO_2 气体。$BaCO_3$ 的分解温度约 1 450℃，较高。随着 $BaCO_3$ 加入量的增加，样品的烧结温度逐渐升高，分解出的 CO_2 较难排除，坯体结构很难致密，进而出现了一些大气孔和晶粒偏析现象。而 $MgCO_3$、$CaCO_3$ 的分解温度相对较低，分别在 800℃、950℃ 左右。烧结过程中，气孔较易排出，生成的液相包裹于颗粒表面，并填充了晶粒间的空隙，使陶粒内部结

图 3 - 12　样品 Ba_0 内部形貌　　　　图 3 - 13　样品 Ba_{15} 内部形貌

构的致密化程度提高。

3.4　本章小结

　　氧化铝陶瓷的破碎率、酸溶解度与其原料的化学成分关系密切。本实验在 CaO - MgO - Al_2O_3 - SiO_2 体系和 BaO - Al_2O_3 - SiO_2 体系中制备的氧化铝陶瓷均具有良好的耐酸性能。钙镁复合添加剂的助烧作用优于碳酸钡，而碳酸钡对氧化铝陶瓷耐酸性能的提高程度优于钙镁复合添加剂。

　　无钡样品 Ba_0 在钙镁复合添加剂的作用下，以液相烧结机制为主，烧结温度较低；而且大量液相的存在填补了烧结时体积收缩引起的孔洞，形成致密的内部结构，从而减少了受到压力时因应力集中而碎裂的几率，使得陶瓷具有较好的抗破碎能力。另外，烧结助剂易于浓缩在陶瓷表面，而陶瓷的腐蚀首先主要集中在其表面。被腐蚀过的样品 Ba_0 表面与酸液反应生成了厚厚的腐蚀层，短时间内可以延缓酸液对内部的侵蚀。但是，该腐蚀层结构疏松，与陶瓷基体结合不紧密。随着腐蚀时间的延长，易于脱落，对陶瓷的耐酸性能不利。

　　含钡样品优良的耐酸性能主要源于烧结过程中生成的耐酸物相——钡长石。陶瓷中钡长石的含量越多，耐酸性能越好（图 3 - 1），但抗破碎能力会变差（图 3 - 2）。碳酸钡的引入会大幅度提高氧化铝陶瓷的烧结温度

（表 3-3）。较高的烧结温度，一方面使得晶粒生长充分，自形程度良好；另一方面会造成部分晶粒的异常长大。另外，碳酸钡的分解温度高达 1 450℃左右，而此时陶瓷的致密化程度已经很高了，碳酸钡分解产生的 CO_2 气体很难排除干净，从而造成气孔率增加，使承受负荷的有效面积减少、应力集中，导致抗破碎性变差。

当碳酸钡添加量较少时（BaO wt%＜4%），负面影响较小。生成的少量钡长石在 Al_2O_3 晶粒间形成完全贯通的耐酸液相保护层。在酸溶过程中，钡长石与混合酸液中的 F^- 反应，生成一层与基体结合紧密的致密皮壳（皮壳的主要成分是 $BaSiF_6$、$BaAlF_5$），紧附在支撑剂表面。这层皮壳有效阻止或减缓了酸液向陶瓷内部的扩散，保护了陶粒的内部结构，提高了陶粒的耐酸性能。

第4章 碱土金属氧化物对陶瓷耐酸性能
影响研究

4.1 前言

氧化铝是离子键化合物，质点扩散系数很低，熔点较高（2 050℃），所以纯氧化铝的烧结温度一般在1 800℃以上才能达到致密。如此高的温度导致两方面的困难：一是高温烧结设备制造的困难；二是高温烧结使得晶粒长大，气孔难以排除，对提高氧化铝陶瓷的性能带来很大困难[101,102]。

长期以来，各国科研人员对改善氧化铝陶瓷性能方面进行了大量研究，发现在氧化铝中加入少量添加剂可以促进烧结、改善结构、提高性能。Smothers[103]较早地研究了添加剂对氧化铝烧结和晶粒生长的影响，发现一些添加剂可以和氧化铝生成固溶体，通过对晶格造成足够的压力来提高质点扩散，使得晶粒长大；另一些添加剂可以促进玻璃相生成，增加质点的表面扩散，引起晶粒生长。除了能促进晶粒长大的添加剂外，还有可以抑制晶粒长大的添加剂。根据作用方式不同分为两类：第一类是一些杂质在烧结过程中出现了相对大的蒸汽压被氧化铝吸收，使得晶粒尺寸减小；第二类是添加剂填补了阴离子空位，减少了材料的传输或者产生复杂的阳离子，由于阳离子的流动或扩散受到阻碍，造成晶粒尺寸减小。根据作用机理不同，添加剂对氧化铝陶瓷烧结的影响也可以分为两类：一类是在基体中生成液相，另一类是与氧化铝生成固溶体。

生成固溶体型的添加剂，晶格常数与Al_2O_3相差不大，且多含有变价元素。烧结过程中，这些添加剂通过掺杂破坏了氧化铝稳定的晶格结构，离子半径或离子价态的差异还会导致晶格畸变或带电空穴、迁移原子的产生，具有活化晶格的作用。缺陷：为气体的排除和质点的扩散提供通道，从而加速致密化过程，降低烧结激活能，使基体易于烧结[104,105]。

生成液相型的添加剂又称助熔剂，是在加热过程中能够促进陶瓷体系熔化和流动的物质[106]。助熔剂通常是含有碱金属或碱土金属元素的化合物，多为立方密堆积和 NaCl 型晶体结构。它们在氧化铝中的溶解度极小，容易富集在晶界处。烧结过程中，晶界数量和晶界面积会逐渐减少，造成晶界处杂质成分相对增加，导致微区共熔温度下降，易于出现液相。液相浸润在颗粒表面，为烧结早期颗粒的重排起润滑作用。同时，液相还可以通过表面张力作用产生颗粒黏结并填充气孔，利用"溶解—沉淀"机理使溶解的小晶粒逐渐在大晶粒表面沉积，达到促进烧结的效果[107]。由于质点在液相中的扩散比在固相中更快，可以加速晶粒生长，因此液相烧结一般比固相烧结效率高。人们经常将不同的助熔剂进行混合，利用低共熔点以降低液相出现的温度[108]。

氧化铝陶瓷在烧结过程中能形成低共熔混合物的添加剂主要以玻璃形成体 SiO_2 为主，辅以玻璃中间体 Al_2O_3 和玻璃调整体碱土金属氧化物——MgO、CaO。产生液相的典型体系是 CAS（$CaO - Al_2O_3 - SiO_2$）、MAS（$MgO - Al_2O_3 - SiO_2$）以及 CMAS（$CaO - MgO - Al_2O_3 - SiO_2$），它们主要通过界面反应和扩散传质影响致密化过程[109]。这些多元含硅体系在氧化铝陶瓷的工业生产中应用非常广泛。

然而，我们课题组在研究过程中发现：$CaO - MgO - Al_2O_3 - SiO_2$ 体系中，随着 SiO_2 含量的增多（由 3.6wt％增加到 7wt％）、碱金属氧化物（$CaO + MgO$）含量的减少，氧化铝陶瓷的酸溶解度会大幅度升高（由 1.7％升高到 7％），耐酸性能变差[100]。随后通过对各厂家生产原料的研究发现，这些厂家制备的压裂支撑剂产品的原料中普遍含有硅质成分，包括 CARBO 公司用于深井作业的 CARBO HSP 产品也含有 13％的 SiO_2。由于陶瓷腐蚀的主要机制包括晶界腐蚀和晶粒溶解，高温烧结的陶瓷是由许多微晶聚集的多晶体构成，因此晶界的存在不可避免。晶界上的原子无序排列，具有过渡性质，且结构比较疏松，所以晶界是原子（离子）快速扩散的重要通道，是陶瓷在酸碱环境中最脆弱的部分。这也是氧化铝陶瓷耐腐蚀行为受到材料纯度影响的主要原因。材料中杂质的分布取决于阳离子在氧化铝晶格中的溶解度。由于杂质阳离子的半径和电荷（Mg^{2+}：

72pm；Ca^{2+}：100 pm；Si^{4+}：42 pm）与铝离子（Al^{3+}：53.5 pm）的差异导致这个溶解度很小。如果杂质含量超过了在 Al_2O_3 中的固溶极限，它们会偏析在晶界处。晶界偏析一方面引起氧化铝晶格应变，使晶界结合能随杂质含量的增加而降低，造成这些地方容易受到腐蚀溶液的侵蚀；另一方面，杂质含量较高时，会有在酸液中溶解度较高的晶态或非晶态晶界相生成，造成严重的晶间腐蚀。Schacht 认为陶瓷中 SiO_2 的浓度超过 $1\,000\times10^{-6}$ 时是有害的，它会在晶界处生成富硅玻璃相。这种玻璃相很容易被无机酸腐蚀。晶界相溶解后，晶粒完全暴露于腐蚀介质中，最终被冲蚀掉[110]。Fang 也认为，SiO_2 作为氧化铝陶瓷的烧结助剂会优先被酸液腐蚀，特别是当酸液中含有 HF。但是，当酸液耗尽接触区的 SiO_2 后会形成腐蚀层。酸液经腐蚀层通过扩散的方式进入陶瓷内部，随时间的延长，腐蚀层厚度增加，在一定程度上阻碍或延缓了酸液的进一步渗透，可降低腐蚀速率。整个腐蚀过程分为三个阶段：①反应控制阶段主要发生晶界相的溶解；②扩散控制阶段存在着质量流失；③形成腐蚀层。由此可见，陶瓷的腐蚀形式有两种：一种是表面溶解；另一种是优先溶解烧结助剂，生成机械性能差的多孔表面[98]。

陶粒支撑剂不易被 HCl 侵蚀，但对于按一定比例配制成的 HCl 与 HF 混合酸液，即所谓的土酸，人造陶粒支撑剂都会表现出一定的易侵蚀性。这是因为，不论是由铝矾土矿还是高岭土型黏土矿为原料烧制成的人造陶粒，主要物相有 3 种：刚玉相、莫来石相和晶形或非晶形 SiO_2 相，碱性硅酸盐也可以出现在铝矾土矿烧制的支撑剂中。非晶形 SiO_2 和碱性硅酸盐（支撑剂骨架中的玻璃相基质）同莫来石和刚玉相比，当暴露在 HCl/HF 混合酸液中时，相对更易被侵蚀。这可能是导致国内外产品耐酸性能难以提高的主要原因。

于是，我们探索去除原料中的硅质成分，以碱土金属元素（Ca、MgO、Ba）的化合物为添加剂，研究二元、三元和四元体系氧化铝陶瓷的耐酸性能，建立无硅体系耐酸氧化铝陶瓷的理论模型。

4.2　实验部分

以工业氧化铝粉为主要原料，加入碳酸钡、碳酸钙、氧化镁等，制备样品 ABCM（Al_2O_3 - BaO - CaO - MgO）、ABM（Al_2O_3 - BaO - MgO）、ABC（Al_2O_3 - BaO - CaO）、AB（Al_2O_3 - BaO）、AM（Al_2O_3 - MgO）、AC（Al_2O_3 - CaO）。实验采用湿法球磨 24h。倒出浆料，在 105℃ 的干燥箱中烘干后研磨成粉，经滚动成型制成直径为 0.8～1mm 的生坯。随后将生坯放入箱式电阻炉中烧结，烧结制度为升温速度 5℃/min，保温时间 1h，当炉子温度降至室温后取出试样。制备好的压裂支撑剂再进行后续的性能测试和结构表征。通过分析原料的化学成分与物相组成、显微结构和酸溶解度的关系，探索碱土金属化合物对无硅体系氧化铝陶瓷耐酸性能的影响规律，并揭示相关机理。

4.3 实验结果与分析

4.3.1 不同体系氧化铝陶瓷的视密度

测试各组样品的视密度，如图 4-1 所示。不同体系样品的视密度在 2.70～3.49g/cm³ 之间。对比样品 ABCM 和 AB 发现，添加 CaO 和 MgO 会降低陶瓷的密度。由于 Ba 属于重原子，添加过多的碳酸钡会增加压裂支撑剂的密度；Ca 和 Mg 为轻原子，若能在满足耐酸性能要求的前提下，用 CaO、MgO 取代部分 BaO，可以降低陶粒压裂支撑剂的密度，便于开采泵送，实用性强。

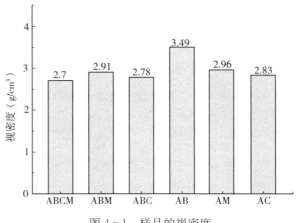

图 4-1 样品的视密度

4.3.2　不同体系氧化铝陶瓷的酸溶解度

对不同体系的氧化铝陶瓷进行酸溶解度测试，结果如图 4-2 所示。

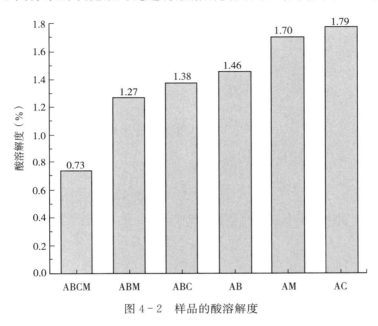

图 4-2　样品的酸溶解度

三组二元体系 AB、AM、AC 对比发现，Al_2O_3 - MgO 体系和 Al_2O_3 - CaO 体系氧化铝陶瓷的酸溶解度相近，分别是 $1.70g/cm^3$ 和 $1.79g/cm^3$；Al_2O_3 - BaO 体系的氧化铝陶瓷的酸溶解度为 $1.46g/cm^3$，耐酸性能明显优于 AM 和 AC 体系的氧化铝陶瓷。实验结果表明：碱土金属氧化物 BaO 能显著提高陶瓷的耐腐蚀性。

AB 体系氧化铝陶瓷的物相组成为刚玉（Al_2O_3）和铝酸钡（$Ba_{0.717}Al_{11}O_{17.282}$）。三组二元体系的物相差异就在于高温下和氧化铝反应生成的化合物不同，从而说明铝酸钡具有良好的耐酸性。赵士鳌[111]建立了铝酸钡的腐蚀模型，认为铝酸钡耐腐蚀的原因是因为样品表面在腐蚀过程中生成了较致密的皮壳，妨碍了酸液对样品内部的侵蚀，并对该腐蚀模型进行了理论阐述（图 4-3）。

假设在溶液中，H^+ 和 F^- 以自由扩散的形式吸附在压裂支撑剂表面，

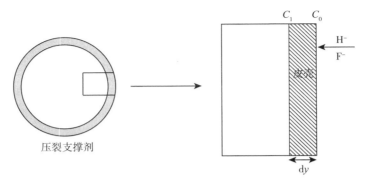

图 4 - 3　铝酸钡耐酸机理模型

进行腐蚀。

由菲克扩散定律得：扩散酸液的物质的量为 $\mathrm{d}n$（g），与扩散系数 D（$\mathrm{cm^2/s}$），横截面积 A（$\mathrm{cm^2}$），扩散的时间 $\mathrm{d}t$（s），以及浓度 $\dfrac{\mathrm{d}c}{\mathrm{d}y}$（$\mathrm{g/cm^2 \cdot cm}$）的关系如下：

$$\mathrm{d}n = D \cdot A \cdot \frac{\mathrm{d}c}{\mathrm{d}y} \cdot \mathrm{d}t \qquad (4-1)$$

假设在酸腐蚀的过程中，扩散以稳定的情形进行，即扩散物质不积累在任何截面，浓度梯度可用（$C_0 - C_1$）$/y$ 来代替。那么，单位截面积的扩散速度：

$$V = \frac{\mathrm{d}n}{\mathrm{d}t} \cdot \frac{1}{A} = D \cdot \frac{C_0 - C_1}{y} \qquad (4-2)$$

皮壳的形成不受反应速度所阻滞，而受扩散速度所阻滞，因此，少量穿过皮壳的 H^+ 和 F^- 不能聚集，而是很快进入反应，这时 $C_1 = 0$，可以认为腐蚀速度 $V' = \dfrac{\mathrm{d}y}{\mathrm{d}t}$ 与扩散速度成正比，即 $V' = \dfrac{\mathrm{d}y}{\mathrm{d}t} = \dfrac{k'}{y}$，$k'$ 为包含 D 及 C_0 的常数，积分得：

$$y^2 = k \cdot t + C（k、c \text{ 均为常数}） \qquad (4-3)$$

由此可知，这层皮壳的厚度增长随时间的变化呈抛物线趋势，腐蚀速率呈现下降趋势。皮壳层的存在，阻滞了酸液进一步向基体内部扩散，且铝酸钡不溶于水，也不溶于酸，使得它具有较强的耐酸性能。

由图 4-2 可知，四组元 ABCM 体系氧化铝陶瓷的耐酸性能优于三组元 ABM 和 ABC 体系氧化铝陶瓷，且优于二组元 AB、AM 和 AC 体系的氧化铝陶瓷。对样品 ABCM 延长腐蚀时间至 4h（行业标准要求腐蚀 0.5h），测得的酸溶解度为 2.1%，仍然满足行业标准的要求。

通过对含有碱土金属元素化合物的二元、三元、四元体系氧化铝陶瓷酸溶解度测试结果发现：无硅体系氧化铝陶瓷中碱土金属氧化物的种类越多，即陶瓷的组元越多，耐腐蚀性能越好。

4.3.3　物相组成分析

对腐蚀前后的样品 ABCM、ABM 和 ABC 进行 X 射线粉末衍射测试，分析不同体系样品的物相组成，结果如图 4-4、图 4-5 和图 4-6 所示。

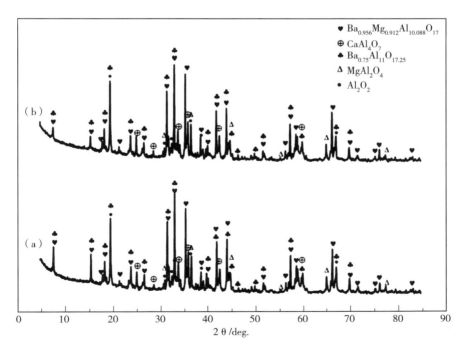

图 4-4　腐蚀前后样品 ABCM 的 XRD 图

注：a—腐蚀前；b—腐蚀后

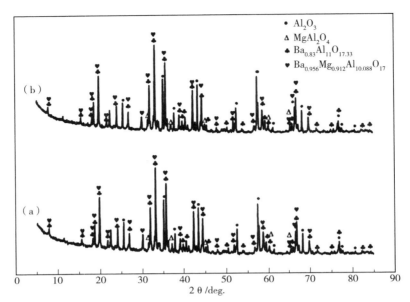

图 4-5 腐蚀前后样品 ABM 的 XRD 图

注：a—腐蚀前；b—腐蚀后

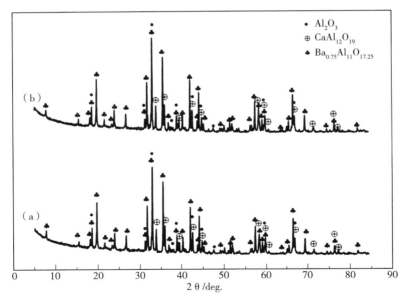

图 4-6 腐蚀前后样品 ABC 的 XRD 图

注：a—腐蚀前；b—腐蚀后

图 4-4（a）显示，样品 ABCM 的物相有 Al_2O_3、$MgAl_2O_4$、$Ba_{0.75}$ $Al_{11}O_{17.25}$、$CaAl_4O_7$ 和 $Ba_{0.956}Mg_{0.912}Al_{10.088}O_{17}$。对比图 4-4 中（a）和（b）发现，腐蚀前后样品 ABCM 的物相组成没有变化，只是个别衍射峰的峰强有所降低。

为了进一步研究是哪些物相在陶瓷的耐腐蚀性能中起关键作用，测试了两个三元体系的样品（ABM 和 ABC）。样品 ABM（图 4-5）的物相包括 $Ba_{0.83}Al_{11}O_{17.33}$、$Ba_{0.956}Mg_{0.912}Al_{10.088}O_{17}$、$Al_2O_3$ 和 $MgAl_2O_4$。对比样品 ABM 腐蚀前后的谱图（图 4-5 中 a 和 b）发现，腐蚀前后衍射峰基本没变化。样品 ABC（图 4-6）的物相包括 Al_2O_3、$Ba_{0.75}Al_{11}O_{17.25}$ 和 $CaAl_{12}O_{19}$。对比样品 ABC 腐蚀前后的 XRD 图谱，物相仍然没有变化。

通常，陶瓷被酸腐蚀后会有腐蚀产物形成。然而，在对样品 ABMC、ABM 和 ABC 的 XRD 测试结果中，均未检测出新物相，说明各物相在酸中的溶解度都非常小。结合图 4-2 的酸溶解度测试结果，表明 Al_2O_3、$MgAl_2O_4$、$Ba_{0.75}Al_{11}O_{17.25}$ 和 $Ba_{0.956}Mg_{0.912}Al_{10.088}O_{17}$ 都是耐酸物相，其中 $Ba_{0.75}Al_{11}O_{17.25}$ 和 $Ba_{0.956}Mg_{0.912}Al_{10.088}O_{17}$ 在提高陶瓷耐腐蚀性能中起关键作用。

4.3.4　显微结构分析

除了生成耐酸物相，陶瓷的显微结构对耐酸性能的影响也非常重要。对 Al_2O_3-BaO-CaO-MgO 四元体系氧化铝陶瓷样品 ABMC 被腐蚀后的断面和腐蚀层进行扫描电镜测试，其显微结构如图 4-7 和图 4-8 所示。

观察腐蚀后样品的断面图（图 4-7），陶瓷的腐蚀从表面开始，逐渐向内扩散。酸溶 0.5h 时，陶瓷表面的腐蚀层较薄，约 $10\mu m$。随着腐蚀时间的延长，腐蚀层的厚度增加。酸溶 4h 时，陶瓷表面的腐蚀层约 $75\mu m$。酸液腐蚀的部位呈现颜色的变化，但结构上并未观察到明显的疏松状态。而且陶瓷内部没有酸液侵入的痕迹，仍然保持烧结后的致密结构。图 4-8 显示了皮壳中虽然有少量腐蚀的孔洞和颗粒溶解的迹象，但结构并未遭到破坏。实验结果表明：腐蚀层在陶瓷表面形成了致密的皮壳，酸液在通过钝化层的过程中，浓度随深度的增加而降低，从而有效地减缓了酸液对陶瓷内部的侵蚀。

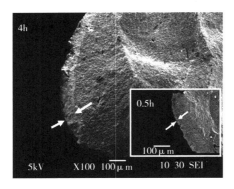 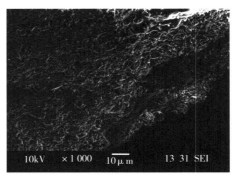

图 4-7　样品 ABMC 腐蚀后的断面图　　　　图 4-8　样品 ABMC 的腐蚀层

4.5　本章小结

　　本章主要研究了碱土金属元素的化合物对无硅体系氧化铝陶瓷耐酸性能的影响。压裂支撑剂在油气开采时会遇到 HCl/HF 混合酸液的腐蚀。由于原料中的硅质成分在烧结过程中生成的晶相及非晶相的耐酸性能较差，结合实验发现，随 SiO_2 含量增加样品酸溶解度升高的结论，提出了探索无硅体系耐酸氧化铝陶瓷的新思路，对氧化铝与氧化钙、氧化镁、氧化钡的二元、三元、四元体系展开了研究，得出以下结论：

　　（1）与 Ca 和 Mg 相比，添加 Ba 的化合物会提高氧化铝密度。因为Ba 属于重原子，Ca 和 Mg 为轻原子。若能在满足耐酸性能要求的前提下，用 CaO、MgO 取代部分 BaO，可以降低陶粒压裂支撑剂的密度，便于开采泵送，实用性强。

　　（2）陶瓷体系的组元越多，酸溶解度越低，耐酸性能越好。通过XRD 测试结果比较，含钙的化合物耐腐蚀性能较差。在酸溶过程中，逐渐溶解殆尽。刚玉（Al_2O_3）和镁铝尖晶石（$MgAl_2O_4$）的耐腐蚀性能良好。四组元 $Al_2O_3 - BaO - MgO - CaO$ 无硅体系氧化铝陶瓷的耐酸性能最佳。该体系在烧结过程中生成了含钡的耐酸物相 $Ba_{0.75}Al_{11}O_{17.25}$ 和 $Ba_{0.956}Mg_{0.912}Al_{10.088}O_{17}$。腐蚀过程中，它们与刚玉（$Al_2O_3$）和镁铝尖晶石（$MgAl_2O_4$）一起保证了陶瓷表面致密的结构，形成了可以阻碍酸液向内部侵入的保护性皮壳，减缓酸液向内部侵蚀，提高了陶瓷的耐酸性能。

第 5 章　Al_2O_3 – CaO – BaO – P_2O_5 无硅体系氧化铝陶瓷

5.1　前言

　　关于氧化铝陶瓷在不同条件、不同溶液中腐蚀行为的研究很多。Wu Qin[112]研究了超高纯氧化铝陶瓷在20wt％ H_2SO_4 和10wt％ NaOH 热的水溶液中的腐蚀行为，结果显示超高纯的氧化铝陶瓷具有优异的耐腐蚀性能，主要归因于煅烧后的材料中没有非晶态的杂质相。Curkovic[113,114]研究了99％～99.99％氧化铝陶瓷在盐酸和硫酸溶液中的腐蚀行为，发现氧化铝陶瓷在 HCl 中比在 H_2SO_4 中稳定性高。但与高浓度的酸液相比，氧化铝陶瓷在两种低浓度的酸液中稳定性均较差。通过对各离子质量浓度的检测，作者认为腐蚀主要源于晶界处 MgO、SiO_2、CaO、Na_2O 和 Fe_2O_3 的溶解，而基体材料中 Al^{3+} 的溶解几乎可以忽略，溶解程度的排序为 Ca＞Si＞Na＞Fe＞Mg＞Al。Mikeska[115]研究发现氧化铝含量99.9％的多晶氧化铝陶瓷在 HF 中的腐蚀主要发生在晶界处，而单晶氧化铝抗 HF 腐蚀性能良好。Schachat 等人报道了99.99％氧化铝陶瓷在 HCl、H_2SO_4 和 H_3PO_4 水热条件下的腐蚀情况。氧化铝在硫酸中的溶解度和腐蚀产物很高，不溶的腐蚀产物随温度升高在陶瓷表面形成非保护性壳；在盐酸中腐蚀的主要现象是晶粒溶解，当温度升高时会出现晶间腐蚀；而磷酸对氧化铝陶瓷的腐蚀较低，主要归因于在陶瓷表面生成了 $AlPO_4$。酸液对氧化铝腐蚀程度的排序为 H_3PO_4 ＜ HCl ＜ H_2SO_4[110]。

　　对于常用的工业氧化铝陶瓷而言，原料纯度不高，同时还需要引入大量的添加剂来满足陶瓷生产和使用的需要。所以，杂质浓度高、晶界成分复杂使得提高工业氧化铝陶瓷的耐腐蚀性能存在困难，特别是用于石油开采的陶粒。石油开采中，盐酸/氢氟酸的比例和浓度的优化是为了预防和减少污染沉淀的产生，当采用高浓度的氢氟酸时（＞3％），一些矿物会产生氟化物、氟硅酸盐和水化硅沉淀，堵塞通道。所以，盐酸/氢氟酸的比例确定为 12wt％ HCl＋3wt％ HF 混合酸液。

Mikeska 的研究指出，氧化铝陶瓷在 HF 中的腐蚀以晶界处杂质离子的溶解为主[115]；Schachat 的研究指出，氧化铝陶瓷在 HCl 中腐蚀主要表现为晶粒的溶解，在磷酸中氧化铝陶瓷表面会生成 $AlPO_4$ 来减小腐蚀[110]。那么，去除原料中的硅质成分来减少晶界腐蚀，再引入含磷的化合物，探索在酸溶过程中生成具有保护作用的腐蚀产物包裹在陶瓷表面，实现对酸液的隔离，从而提高耐酸性能的可行性。结合前期研究的结论：原料中添加适量含钡化合物，在烧结过程中能够生成耐酸物相。另外，CaO 和 MgO 相比，CaO 对降低氧化陶瓷烧结温度的效果更好[111]。基于以上思路，本章选择 Al_2O_3 - CaO - BaO - P_2O_5 无硅体系进行研究，探索其耐酸性能。

实验以工业氧化铝为主要原料制备陶粒压裂支撑剂，通过对样品的酸溶解度测试，物相分析，形貌、显微结构观察，探索酸溶解度降低的机理，为提高压裂支撑剂的耐酸性能提供借鉴。

5.2　实验部分

以工业氧化铝为主要原料，添加碳酸钙、碳酸钡、三聚磷酸钠等，根据传统的陶瓷生产工艺完成样品 P_0、P_2、P_4、P_6 的制备。氧化铝陶瓷的实验式：$xBaO \cdot yCaO \cdot Al_2O_3 \cdot zP_2O_5$，化学成分如表 5 - 1 所示。首先，按照配料比称取原料放入球磨罐中，采用湿法球磨 24h。倒出浆料，在 105℃ 的干燥箱中烘干后研磨成粉，经滚动成型制成直径为 0.8～1mm 的生坯。随后将生坯放入箱式电阻炉中，分别在 1 450～1 600℃ 下烧结，烧结制度为升温速度 5℃/min，保温时间 1h，当炉子温度降至室温后取出试样。制备好的压裂支撑剂再进行后续的性能测试和结构表征。

表 5 - 1　Al$_2$O$_3$ – CaO – BaO – P$_2$O$_5$体系氧化铝陶瓷的化学成分

样品名称	Al$_2$O$_3$	x（BaO）	y（CaO）	z（P$_2$O$_5$）
P$_0$	1	0.054	0.15	0
P$_2$	1	0.046	0.13	0.02
P$_4$	1	0.039	0.11	0.03
P$_6$	1	0.031	0.08	0.05

5.3　实验结果与分析

5.3.1　P$_2$O$_5$含量对烧结温度的影响

测试 Al$_2$O$_3$ – CaO – BaO – P$_2$O$_5$无硅体系氧化铝陶瓷的吸水率，并确定其烧成温度，实验结果如表 5 - 2 所示。

表 5 - 2　P$_2$O$_5$含量对烧结温度的影响

样品名称	P$_2$O$_5$含量（wt%）	烧结温度（℃）	吸水率（%）
P$_0$	0	1 600	0.50
P$_2$	2	1 450	0.01
P$_4$	4	1 470	0.04
P$_6$	6	1 600	0.36

从表 5 - 2 中可以看出，样品 P$_0$中不含 P$_2$O$_5$，烧结温度高，1 600℃时仍然略微吸水（吸水率为 0.5%）；当添加 2 wt%的 P$_2$O$_5$时，样品 P$_2$的烧结温度大幅度降低，降至 1 450℃；然而，继续增加 P$_2$O$_5$含量，样品 P$_4$（4wt%）的烧结温度又呈上升趋势；当 P$_2$O$_5$的添加量增加到 6wt%时，样品 P$_6$的烧结温度与样品 P$_0$一样高。实验结果表明：当原料的化学组成中含有少量 P$_2$O$_5$时，对陶瓷的烧结有促进作用，可以大幅度降低烧结温度。P$_2$O$_5$的最佳含量为 2～4wt%。

由于 P$_2$O$_5$与 Al$_2$O$_3$、CaO、BaO 均能发生反应生成化合物，推测是少量 P$_2$O$_5$与其他组分生成低共熔混合物，降低了烧结温度。但是，P$_2$O$_5$提供液相的能力较差，因此当成分中磷含量较高时，烧成温度会升高[43]。

另外，P_2O_5 有促进析晶的作用，晶体数量增加，导致液相黏度增大，不利于烧结过程中颗粒的迁移，致使温度升高[116]。

5.3.2　P_2O_5 含量对氧化铝陶瓷密度的影响

测试各组样品的视密度，结果如图 5-1 所示。

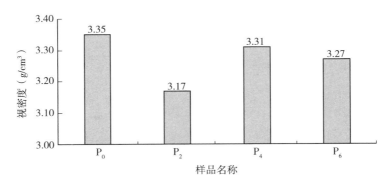

图 5-1　P_2O_5 含量对氧化铝陶瓷视密度的影响

由图 5-1 可知，P_2O_5 可以降低氧化铝陶瓷的视密度。样品 P_0 不含 P_2O_5，视密度为 $3.35g/cm^3$；样品 P_2 含有 2 wt％ 的 P_2O_5，视密度为 $3.17g/cm^3$，达到最低；样品 P_4 和样品 P_6 中 P_2O_5 含量分别为 4wt％ 和 6wt％，视密度分别为 $3.31g/cm^3$ 和 $3.27g/cm^3$，比样品 P_2 的视密度高，但仍低于样品 1。结合样品的烧结温度（表 5-2），样品 P_2 的烧结温度低（1 450℃），原料中的碳酸盐和磷酸盐在高温下分解反应放出的气体，在此温度下还没有完全排出，陶瓷就已经完成了致密化过程，内部气孔较多，降低了样品的视密度。然而，随着 P_2O_5 含量的增多，烧结温度升高，坯体中质点迁移的能量和时间都非常充分，气体排出得更加完全，内部气孔减少，结构致密，密度增加。通过样品 P_0 和样品 P_2、P_4、P_6 的密度对比，结果表明：适量添加 P_2O_5 可以降低压裂支撑剂的视密度。

5.3.3　P_2O_5 含量对氧化铝陶瓷酸溶解度的影响

按照行业标准的要求，测试各组样品的酸溶解度，研究 P_2O_5 含量对酸溶解度的影响规律，测试结果如图 5-2 所示。

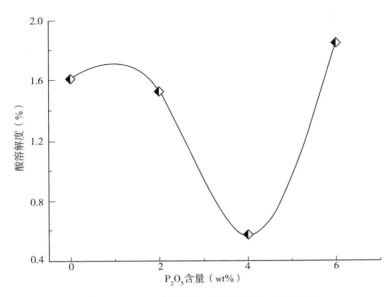

图 5-2　P$_2$O$_5$含量与酸溶解度的关系曲线图

图 5-2 显示，四组样品的酸溶解度<1.9%，达到行业标准的要求（酸溶解度<5%）。不含 P$_2$O$_5$的样品 P$_0$酸溶解度为 1.61%；样品 P$_2$的酸溶解度为 1.53%，比样品 P$_0$略有减小；样品 P$_4$含 P$_2$O$_5$为 4 wt%，酸溶解度低至 0.57%；继续增加原料中 P$_2$O$_5$的含量，样品 P$_6$的酸溶解度又升高到 1.85%，超过了样品 P$_0$。实验结果表明：原料中含有适量 P$_2$O$_5$有利于降低样品的酸溶解度，最佳添加量为 4wt%。

影响陶瓷耐腐蚀性能的因素有很多。根据 Lewis 酸碱理论，酸性氧化物及其化合物能够抵抗酸腐蚀但易被碱腐蚀[98]。陶瓷的酸/碱性是非常重要的，具有酸/碱性的陶瓷最耐腐蚀。纯的 Al$_2$O$_3$是两性氧化物，所以氧化铝陶瓷具有良好的耐酸、碱腐蚀性。然而，陶瓷的酸/碱性仅是评判陶瓷耐酸、碱腐蚀的粗略指标，因为次要成分的存在会对陶瓷的性能产生很大的改变。因此，选取合适的添加剂能够提高陶瓷的耐酸性能。P$_2$O$_5$为酸性氧化物，增加原料中的酸性氧化物有利于提高氧化铝陶瓷的耐酸性能，由实验结果也证实了这点。

选择耐酸性能最好的样品 P$_4$进行 X 射线粉末衍射测试，分析样品酸溶前后的物相组成及变化，探索 Al_2O_3-CaO-BaO-P_2O_5 体系压裂支撑剂酸溶解度降低的机理。

5.3.4 物相分析

图 5-3 为样品 P_4 腐蚀前后的 XRD 粉末衍射对比图，其中（a）为样品 P_4 酸溶前的 XRD 图，（b）为样品 P_4 酸溶后的 XRD 图。

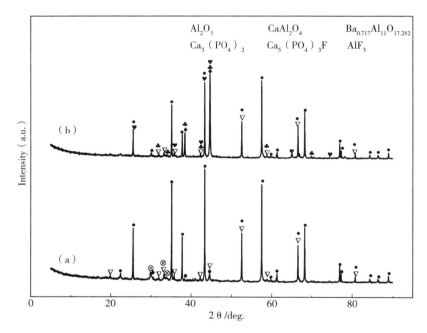

图 5-3 样品 P_4 的 XRD 粉末衍射图

由图 5-3（a）可知，样品 P_4 酸溶前的主要物相有 Al_2O_3（刚玉）、$Ba_{0.717}Al_{11}O_{13.282}$、$CaAl_2O_4$ 和 $Ca_3(PO_4)_2$，其中刚玉的酸溶解度为 1.47% 且不溶于水；$Ba_{0.717}Al_{11}O_{13.282}$ 的酸溶解度为 0.62%[111]；$Ca_3(PO_4)_2$ 在水中的溶解度为 0.002 5% 且溶于 HCl[117]，与 HF 反应。由图 5-3（b）可知，样品 P_4 酸溶后的主要物相有 Al_2O_3（刚玉）、$Ba_{0.717}Al_{11}O_{13.282}$、$CaAl_2O_4$、$Ca_5(PO_4)_3F$ 和 AlF_3。对比（a）、（b）发现，样品 P_4 酸溶后，物相 $Ca_3(PO_4)_2$ 消失了，有新物相——$Ca_5(PO_4)_3F$ 和 AlF_3 生成；物相 $CaAl_2O_4$ 的部分衍射峰的峰强减弱，部分衍射峰由于和新物相重合而无

法判断。经分析，推测腐蚀过程中，$Ca_3(PO_4)_2$ 与 HF 发生化学反应生成 $Ca_5(PO_4)_3F$。$Ca_5(PO_4)_3F$ 紧密的晶体结构使得其溶解性较小[118]。AlF_3 微溶于水、酸和碱溶液。由此推断：$Ca_5(PO_4)_3F$ 和 AlF_3 在酸液中的微量溶解是造成氧化铝陶瓷质量减少的主要原因。

样品 P_2 含少量 P_2O_5，烧结温度低，材料内部气孔较多，结构不致密，易被酸液侵蚀；增加 P_2O_5 的含量，烧结温度升高，材料内部气孔率减少，结构致密，耐酸性能提高，如样品 P_4；过量添加 P_2O_5，$Ca_3(PO_4)_2$ 物相含量增多，在腐蚀过程中生成过多的 $Ca_5(PO_4)_3F$，$Ca_5(PO_4)_3F$ 微量的溶解导致酸溶解度升高。

5.3.5　显微结构分析

对酸溶后的样品 P_4 进行了扫描电镜测试，通过对样品的表面、断面形貌和内部结构的观察，探索 Al_2O_3‑CaO‑BaO‑P_2O_5 体系压裂支撑剂酸溶解度降低的机理，结果如图 5‑4、图 5‑5 所示。

 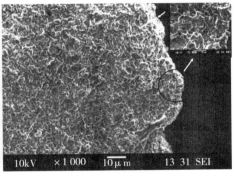

图 5‑4　样品 P_4 酸溶后表面形貌图　　图 5‑5　样品 P_4 酸溶后断面形貌图

从图 5‑4 可以看出，样品表面凹凸不平，较为粗糙，存在被 HCl/HF 混合酸液腐蚀的孔洞。样品表面的裂纹是在成型过程中形成的，酸液沿裂纹侵蚀样品，导致裂纹生长变深，裂纹的存在使得酸液易于侵蚀样品内部。图 5‑5 显示了样品的断面形貌，样品内部结构致密，气孔较少，晶粒多为板状六边形和菱形，没有被腐蚀的痕迹，表面存在 $2\sim3\mu m$ 的腐蚀层。

多组分材料的腐蚀通过最不耐腐蚀的途径进行，因此，那些最不耐蚀的成分首先被腐蚀。材料的腐蚀主要集中在表面，而烧结助剂往往浓缩于表面，抑制酸向材料内部扩散[119,120]。样品表面，$Ca_3(PO_4)_2$ 首先被腐蚀，生成 $Ca_5(PO_4)_3F$；少量的 Al_2O_3（刚玉）和 $CaAl_2O_4$ 与 HF 反应生成 AlF_3。这种表面反应在酸液和陶瓷内部之间形成了抑制反应的扩散壁垒。新物相 $Ca_5(PO_4)_3F$ 和 AlF_3 包裹在样品表面，形成一层腐蚀层。酸液通过腐蚀层向内部扩散的同时，浓度逐渐降低，减缓了对样品内部的侵蚀，提高了耐酸性能。$Ca_5(PO_4)_3F$ 和 AlF_3 在压裂支撑剂的耐酸性能方面扮演着重要角色。另外，致密的结构使得样品暴露于酸液中的面积较少，是 $Al_2O_3 - CaO - BaO - P_2O_5$ 体系压裂支撑剂耐酸性能好的另一重要原因。

5.4　本章小结

以工业氧化铝、碳酸钡、碳酸钙和三聚磷酸钠为主要原料制备 $Al_2O_3-CaO-BaO-P_2O_5$ 体系氧化铝陶瓷。研究 P_2O_5 含量对压裂支撑剂烧结温度、密度和酸溶解度的影响，分析了酸溶前后样品的物相变化和显微结构，探索 $Al_2O_3-CaO-BaO-P_2O_5$ 体系酸溶解度降低的机理。得出以下结论：

（1）P_2O_5 对陶瓷烧结温度、密度和酸溶解度的影响均呈抛物线趋势。少量添加可以大幅度降低氧化铝陶瓷的烧结温度。但是由于 P_2O_5 有促进析晶的作用，大量添加后，析晶作用占主导地位，液相黏度增大，对烧结产生不利影响。权衡了烧结温度、密度和酸溶解度之后，在 $Al_2O_3 - CaO - BaO - P_2O_5$ 无硅体系压裂支撑剂中，P_2O_5 的最合适添加量为 3～4wt%。此时压裂支撑剂的性能最佳，酸溶解度降至 0.57%，达到行业标准的要求。

（2）$Al_2O_3 - CaO - BaO - P_2O_5$ 体系压裂支撑剂的耐酸机理不同于 $Al_2O_3 - BaO - MgO - CaO$ 体系。含磷体系压裂支撑剂耐酸性能优良的原因在于：①烧结过程中生成耐酸性能好的物相——Al_2O_3（刚玉）和 $Ba_{0.717}Al_{11}O_{13.282}$，是确保陶粒耐腐蚀的首要条件。此外，烧结过程中含钙的化合物与含磷的化合物反应生成 $Ca_3(PO_4)_2$，还与氧化铝生成了耐酸

性能较差的 $CaAl_2O_4$。②腐蚀过程中，耐酸物相作为骨架对压裂支撑剂起到支撑作用。$Ca_3(PO_4)_2$ 和 $CaAl_2O_4$ 与混合酸液反应生成新物相 $Ca_5(PO_4)_3F$ 和 AlF_3 包裹在样品表面，隔绝了酸液与压裂支撑剂的接触，缓解了酸液向样品内部的侵蚀。③Al_2O_3 - CaO - BaO - P_2O_5 体系压裂支撑剂本身结构致密，致密的结构减少了样品暴露于酸液中的面积。多种因素的作用使得 Al_2O_3 - CaO - BaO - P_2O_5 体系压裂支撑剂具有优良的耐酸性能。

第6章 $Al_2O_3-BaO-MgO-TiO_2$ 体系氧化铝陶瓷的耐酸性能

6.1 前言

铝矾土又称矾土或铝土矿，是多种地质来源极不相同的含水氧化铝矿石的总称。主要成分为氧化铝，主要杂质为高岭土、多水高岭石、石英、赤铁矿、磁铁矿、菱铁矿、锐钛矿、方解石以及锆英石。由于铝矾土是经化学风化或外生作用形成，很少有纯矿物，总是含有一些杂质矿物。铝矾土主要用于生产氧化铝、冶炼金属铝，还可以作为陶瓷原料、磨料、耐火材料等使用。中国铝矾土资源丰富，主要分布在山西、山东、河南、贵州、四川等地[121,122]。

由于铝矾土资源丰富、价格便宜、易于获取，所以陶粒压裂支撑剂多以铝矾土为主要原料。其中，中高强度陶粒压裂支撑剂以高 Al_2O_3 含量的铝矾土为主要原料，掺以少量的添加剂降低陶粒的烧结温度、改善晶粒形貌，从而提高陶粒支撑剂的强度[123]。

我国大部分的铝土矿，氧化铝的含量在 $45\%\sim80\%$，煅烧后波动于 $48\%\sim90\%$，SiO_2 的含量 $1\%\sim40\%$，杂质的总量 $2.5\%\sim6\%$，TiO_2 的含量 $2\%\sim4\%$，R_2O 的含量较低[121,122]。由于地区不同，铝矾土的成分差别较大。其中，贵州铝矾土最大的特点是含有较高的 TiO_2（为 4.2%），这一特点常被作为缺点使其应用受到限制。然而，Yan 在研究氧化铝陶瓷涂层时发现，向 A_2O_3 中添加 13% 的 TiO_2 能增强涂层在 $5\%HCl$ 介质中的耐蚀性[124]。另外，袁翠在研究 TiO_2/MgO 共掺对 99 氧化铝瓷结构影响时发现：TiO_2 促进氧化铝陶瓷的致密化比 MgO 更明显[125]。TiO_2 对氧化铝陶瓷耐腐蚀性能和致密化程度的增强作用，或许会使得贵州铝矾土在制备氧化铝陶粒压裂支撑剂时具备天然的原料优势。因此，为了探明 TiO_2 对氧化铝陶粒压裂支撑剂耐酸性能的影响，本章选择 Al_2O_3 - BaO - MgO - TiO_2 体系氧化铝陶瓷进行研究，为高钛铝矾土的应用提供理论基础。

6.2　实验部分

以工业氧化铝为主要原料，添加碳酸钡、氧化镁、二氧化钛等，根据传统的陶瓷生产工艺完成样品 $T_0 \sim T_7$ 的制备，研究 TiO_2 含量和 BaO/MgO 的比例对氧化铝陶瓷性能的影响。氧化铝陶瓷的实验式：xBaO · yMgO · Al_2O_3 · zTiO$_2$，化学成分如表 6-1 所示。首先，按照配料比称取原料放入球磨罐中，采用湿法球磨 24h。倒出浆料，在 105℃ 的干燥箱中烘干后研磨成粉，经滚动成型制成直径为 0.8 ~ 1mm 的生坯。随后将生坯放入箱式电阻炉中，分别在 1 350 ~ 1 600℃ 下烧结，烧结制度为升温速度 5℃/min，保温时间 1h，当炉子温度降至室温后取出试样。制备好的压裂支撑剂再进行后续的性能测试和结构表征。

表 6-1　**Al₂O₃ - BaO - MgO - TiO₂ 体系压裂支撑剂的化学成分**

样品名称	Al₂O₃	x (BaO)	y (MgO)	z (TiO₂)
T₀	1	0.054	0.21	0
T₁	1	0.050	0.19	0.01
T₂	1	0.047	0.18	0.03
T₃	1	0.043	0.16	0.04
T₄	1	0.039	0.15	0.06
T₅	1	0.035	0.13	0.07
T₆	1	0.031	0.12	0.09
T₇	1	0.027	0.1	0.1
T₄₋₀	1	0	0.3	0.06
T₄₋₁	1	0.008	0.27	0.06
T₄₋₃	1	0.023	0.21	0.06
T₄₋₇	1	0.054	0.16	0.06

6.3 实验结果与分析

6.3.1 TiO₂含量对氧化铝陶瓷烧结温度和视密度的影响

氧化铝陶瓷的致密化过程是在烧结时通过扩散完成的。由于氧化铝具有较强的离子键，导致质点扩散系数低，烧结激活能大，烧结温度高[126]。通常降低氧化铝陶瓷烧结温度的途径有两条：一是利用超细颗粒、无团聚、分散均匀且具有良好烧结活性的粉体达到促进材料致密化的目的；二是引入适量的烧结助剂，通过与基体生成液相或固溶体，加强扩散，达到促进材料致密化并降低烧结温度的目的[51-56]。实验通过添加 TiO₂，研究其含量对 $Al_2O_3 - BaO - MgO - TiO_2$ 体系压裂支撑的烧结温度、吸水率与视密度的影响。实验结果如表 6－2 所示。

表 6－2 TiO₂含量对烧结温度和视密度的影响

样品名称	TiO₂含量（wt%）	烧结温度（℃）	吸水率（%）	视密度（g/cm³）
T_0	0	1 600	0.10	3.66
T_1	1	1 600	0.01	3.46
T_2	2	1 500	0.07	3.50
T_3	3	1 450	0.05	3.45
T_4	4	1 400	0.01	3.48
T_5	5	1 380	0.01	3.54
T_6	6	1 360	0.02	3.57
T_7	7	1 350	0.01	3.50

由表 6－2 可知，未添加 TiO₂时，烧结温度高达 1 600℃，吸水率为 0.10%；TiO₂添加量为 1 wt%时，烧结温度仍较高（1 600℃），但吸水率减小到 0.01%；TiO₂添加量为 2 wt%时，烧结温度大幅度下降到 1 500℃，吸水率为 0.07%；当 TiO₂含量大于 3 wt%时，烧结温度仍呈下降趋势，但是下降幅度减小了。对比样品 T_0～T_7 发现，随着 TiO₂含量的增加，样品的烧结温度始终呈逐渐下降趋势。实验结果表明：添加 TiO₂

能有效降低陶瓷材料的烧结温度。

向 Al_2O_3 中添加 TiO_2，在烧结过程中，TiO_2 可以增加氧化铝晶体的内部空穴。因为 TiO_2 与 Al_2O_3 的晶格常数相差不大，两者可生成有限置换型固溶体，由于配位数、电价、离子半径的差别，当 Ti^{4+} 置换 Al^{3+} 后，产生晶格畸变和阳离子缺位。TiO_2 活化 Al_2O_3 晶格，促进烧结。由于 Ti^{4+} 置换 Al^{3+} 是不等价置换，这使得晶格更易变形，且空位浓度增大[104,127-132]。李国华[51]等人计算出晶格缺陷浓度与 TiO_2 加入量的 3/4 次方成正比。扩散系数正比于空穴浓度，故随 TiO_2 添加量的增加，其扩散系数乃至烧结速率成非线性增加。

对比表中样品 T_0 和样品 T_1，添加 TiO_2 后，样品的视密度略有减小，但效果不明显。随着 TiO_2 含量的增加，样品的视密度又呈现上升趋势，但变化不大。结合烧结温度的结果，对比样品 T_1～T_7，TiO_2 增多，烧结温度降低，陶瓷的密度却整体呈现上升趋势，说明 TiO_2 在较低的温度下仍能促进陶瓷结构的致密化。

6.3.2　TiO_2 含量对氧化铝陶瓷酸溶解度的影响

按照行业标准的要求，测试样品 T_0～T_7 的酸溶解度，研究 TiO_2 含量对氧化铝陶瓷耐酸性能的影响，测试结果如图 6-1 所示。

由图 6-1 可知，随着二氧化钛添加量的增加，样品的酸溶解度先减小后增大，曲线近似 V 形。不含 TiO_2 样品 T_0 的酸溶解度较高（0.5%）；TiO_2 添加量为 1 wt% 时，样品 10 的酸溶解度降低到 0.28%，降低幅度较大；TiO_2 含量在 2～3wt% 时，酸溶解度曲线较平缓，降低幅度较小，样品 T_2 和 T_3 的酸溶解度分别是 0.23% 和 0.24%；当 TiO_2 含量达到 4wt% 时，样品 T_4 的酸溶解度达到最低 0.15%；但随着 TiO_2 含量的继续增加，样品的酸溶解度迅速升高，样品 T_5、T_6、T_7 的酸溶解度分别是 0.36%、0.45% 和 0.48%，但仍低于样品 1 的酸溶解度。实验结果表明：添加少量二氧化钛可以提高压裂支撑剂的耐酸性能，最佳添加量为 1～4wt%。

对中国市场上的某产品进行酸溶解度测试，测试结果与实验研究的体系、CARBO 公司的产品进行对比，对比结果如图 6-2 所示。

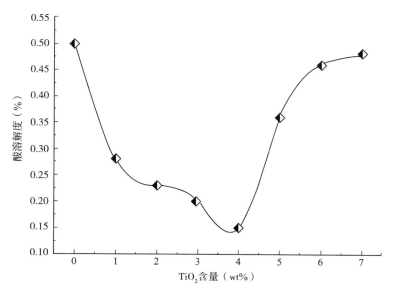

图 6-1 TiO₂含量与样品酸溶解度的关系曲线

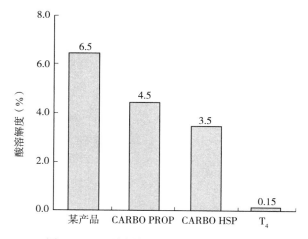

图 6-2 压裂支撑剂产品酸溶解度对比图

注：CARBO公司是世界上最大的陶粒支撑剂生产厂家，其压裂支撑剂的制备技术处于国际领先水平。产品 CARBO PROP 适用于中等埋深油气藏；CARBO HSP 适用于深层油气藏；样品 T₄属于 Al₂O₃-BaO-MgO-TiO₂体系。

从图 6-2 可以看出，中国市场上的某陶粒压裂支撑剂产品酸溶解度为 6.5%，没有达到行业标准要求。CARBO 公司的产品虽然达到标准，但酸溶解度仍然偏高，产品 CARBO PROP 和 CARBO HSP 的酸溶解度分别是 4.5% 和 3.5%。Al_2O_3－BaO－MgO－TiO_2 体系压裂支撑剂的耐酸性能最好，酸溶解度仅为 0.15%。

选取耐酸性能最好的样品 T_4，优化配料：TiO_2 的添加量为 4 wt%，改变 BaO、MgO 比例，制备压裂支撑剂样品 T_{4-0}、T_{4-1}、T_{4-3}、T_{4-7}，研究氧化铝陶瓷的耐酸性能，酸溶解度测试结果如图 6-3 所示。

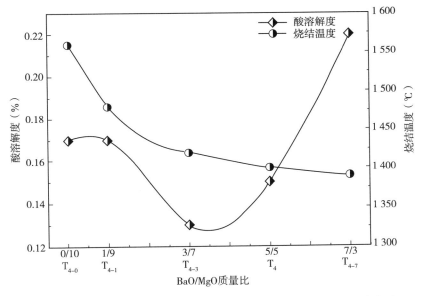

图 6-3　样品 T_{4-0}、T_{4-1}、T_{4-3}、T_4、T_{4-7} 酸溶解度和烧结温度曲线图

由图 6-3 可知，随着氧化钡含量的增加，氧化镁含量的减少，样品的酸溶解度先减小后增大，烧结温度逐渐减小。BaO/MgO 为 0/10 时，样品 T_{4-0} 的酸溶解度是 0.17%，烧结温度较高（1 560℃）；增加 BaO 含量，BaO/MgO 为 1/9 时，样品的酸溶解度没有变化，仍为 0.17%，但烧结温度降低到 1 480℃；当 BaO/MgO 为 3/7 时，样品 T_{4-3} 的酸溶解度达到最小——0.13%；继续增加 BaO 含量，酸溶解度迅速上升，样品 T_{4-7} 的酸溶解度为 0.22%。研究结果表明：当 TiO_2 含量一定时，BaO/MgO 比例为 3/7 时，氧化铝陶瓷的耐酸性能最好。

由于 MgO 的熔点为 2 800℃，BaO 的熔点只有 1 923℃，Ba 系所组成的物相的熔点比 Mg 系要低得多[65,66]。所以随着 BaO 含量增加，MgO 含量减少，样品的烧结温度逐渐降低。

选取样品 T_{4-0}、T_{4-3}、T_{4-7}，酸溶解度分别是 0.17％、0.13％ 和 0.22％，研究腐蚀时间对样品酸溶解度的影响。

6.3.3 腐蚀时间对氧化铝陶瓷耐酸性能的影响

选择耐酸性能好、中、差的三个样品（样品 T_{4-3}、T_{4-0}、T_{4-7}），延长腐蚀时间，观察酸溶解度的变化情况，测试结果如图 6-4 所示。

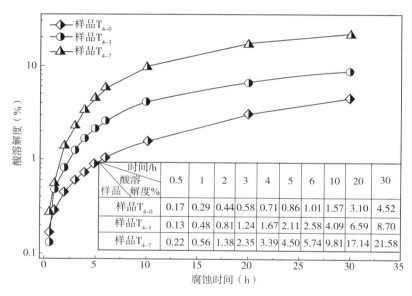

样品 \ 酸溶解度% \ 时间/h	0.5	1	2	3	4	5	6	10	20	30
样品T_{4-0}	0.17	0.29	0.44	0.58	0.71	0.86	1.01	1.57	3.10	4.52
样品T_{4-3}	0.13	0.48	0.81	1.24	1.67	2.11	2.58	4.09	6.59	8.70
样品T_{4-7}	0.22	0.56	1.38	2.35	3.39	4.50	5.74	9.81	17.14	21.58

图 6-4 腐蚀时间与酸溶解度的关系

从图 6-4 可以看出，随着腐蚀时间的延长，各组试样的质量损失均增大。在标准 SY/T5108—2006 要求的酸溶时间 0.5h 处，样品 T_{4-3} 的耐酸性能最好，酸溶解度低至 0.13％；但随着腐蚀时间的增加，样品 T_{4-3} 的酸溶解度逐渐大于样品 T_{4-0}，耐酸性能有所减退，样品 T_{4-7} 的酸溶解度值一直处于同比最高位置；当腐蚀时间达到 30h，样品 T_{4-0} 的酸溶解度为 4.52％，仍能达到行业标准的要求，样品 19、20 的酸溶解度分别是

8.7% 和 21.58%，酸溶解度值偏高。为探究原因，实验对三个样品进行 X 射线粉末衍射测试。

6.3.4　物相分析

通过 X 射线粉末衍射测试，分析样品 T_{4-0}、T_{4-3}、T_{4-7} 酸溶前、酸溶 30min 和酸溶 30h 的物相变化。图 6-5 至图 6-7 为样品 T_{4-0}、T_{4-3} 和 T_{4-7} 的 XRD 图，其中（a）为样品酸溶前的 XRD 图，（b）为样品酸溶 30min 的 XRD 图，（c）为样品酸溶 30h 的 XRD 图。

样品 T_{4-0} 的 XRD 分析结果如图 6-5 所示。

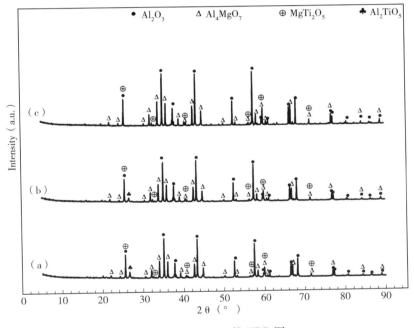

图 6-5　样品 T_{4-0} 的 XRD 图

从图 6-5 可以看出，样品 T_{4-0} 在烧结过程中生成的主要物相有 Al_2O_3（刚玉）、Al_4MgO_7、$MgTi_2O_5$ 和 Al_2TiO_5；酸溶 30min 后，样品 T_{4-0} 的物相几乎没有变化，仅是 Al_2TiO_5 的含量减少了；酸溶 30h 后，样品 T_{4-0} 的物相为 Al_2O_3（刚玉）、Al_4MgO_7 和 $MgTi_2O_5$，Al_2TiO_5 消失了。将 Al_2O_3 与 TiO_2 按摩尔比 1∶1 配料制备 Al_2TiO_5，测得其 30min 时的酸溶解度为

3.58%，酸溶解度偏高。对比（b）和（c）发现，随着酸溶时间的延长，样品 T_{4-0} 的物相中 Al_2TiO_5 被腐蚀掉，没有新物相生成，其他物相几乎没有变化。结合样品 T_{4-0} 酸溶解度值，可判断 Al_2O_3（刚玉）、Al_4MgO_7 和 $MgTi_2O_5$ 物相本身具有良好的耐酸性能。

样品 T_{4-3} 的 XRD 分析结果如图 6-6 所示。

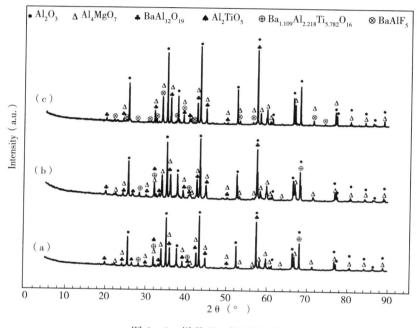

图 6-6　样品 T_{4-3} 的 XRD 图

从图 6-6 可以看出，样品 T_{4-3} 在烧结过程中生成的主要物相有 Al_2O_3（刚玉）、Al_4MgO_7、$BaAl_{12}O_{19}$、Al_2TiO_5 和 $Ba_{1.109}Al_{2.218}Ti_{5.782}O_{16}$；酸溶30min 后，样品 T_{4-3} 的物相几乎没有变化；酸溶 30h 后，物相 Al_2TiO_5 和 $Ba_{1.109}Al_{2.218}Ti_{5.782}O_{16}$ 消失了，出现了 $BaAlF_5$ 新物相。结果表明：添加 $BaCO_3$ 后，一部分 $BaCO_3$ 与 Al_2O_3 生成酸溶解度偏低的物相——铝酸钡，一部分与 TiO_2、Al_2O_3、BaO 生成多元化合物，减少了 Al_2TiO_5 物相的含量，$Ba_{1.109}Al_{2.218}Ti_{5.782}O_{16}$ 在短时间的酸腐蚀过程中具有一定的耐酸性，长时间腐蚀会与酸液发生反应，生成 $BaAlF_5$；物相 Al_2O_3（刚玉）、Al_4MgO_7 和 $BaAl_{12}O_{19}$ 没有随着腐蚀时间的延长发生变化，表明这些物相

的耐酸性能较好。

样品 T_{4-7} 的 XRD 分析结果如图 6 - 7 所示。

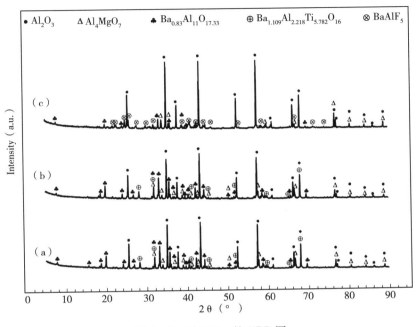

图 6 - 7　样品 T_{4-7} 的 XRD 图

从图 6 - 7 中可以看出，样品 T_{4-7} 在烧结过程中生成的主要物相有 Al_2O_3（刚玉）、Al_4MgO_7、$Ba_{0.83}Al_{11}O_{17.33}$ 和 $Ba_{1.109}Al_{2.218}Ti_{5.782}O_{16}$；酸溶 30min 后，样品 T_{4-7} 的物相几乎没有变化；酸溶 30h 后，$Ba_{1.109}Al_{2.218}Ti_{5.782}O_{16}$ 消失了，物相 $Ba_{0.83}Al_{11}O_{17.33}$ 含量略微减少，有新物相 $BaAlF_5$ 生成。结果表明：Al_2O_3（刚玉）、Al_4MgO_7 耐酸性能良好；物相 $Ba_{0.83}Al_{11}O_{17.33}$ 和 $Ba_{1.109}Al_{2.218}Ti_{5.782}O_{16}$ 在长时间的腐蚀过程中会和酸液发生反应，生成新物相 $BaAlF_5$，导致样品质量减少。

实验室前期研究发现，Ba/Al 比在一定范围内的铝酸钡具有良好的耐酸性能，在酸液侵蚀的过程中，表面生成致密的皮壳，抵挡酸液向内部腐蚀[133]。样品 19 的主要物相有 Al_2O_3（刚玉）、Al_4MgO_7、$BaAl_{12}O_{19}$ 和 $Ba_{1.109}Al_{2.218}Ti_{5.782}O_{16}$，腐蚀前期 $BaAl_{12}O_{19}$ 的皮壳机制对样品起到了保护作用，使得样品 T_{4-3} 在酸溶 30min 时的耐酸性能优于样品 T_{4-0}；随着腐蚀时间的延长，$Ba_{1.109}Al_{2.218}Ti_{5.782}O_{16}$ 化合物和酸液发生反应，造成样品 T_{4-3} 的酸溶解度增加，耐酸性能低于样品 T_{4-0}。当 BaO 含量过多（样品 T_{4-7}）时，一部分生成耐酸性能较差的 $Ba_{0.83}Al_{11}O_{17.33}$；另一部分使得能够与酸液发生反应的 $Ba_{1.109}Al_{2.218}Ti_{5.782}O_{16}$ 化合物含量增多；同时，物相 Al_4MgO_7 随 MgO 含量的减少而减少，最终导致样品 T_{4-7} 的酸溶解度偏高。

6.3.5　显微结构分析

利用场发射扫描电子显微镜观察样品 T_{4-0}、T_{4-3} 和 T_{4-7} 酸腐蚀 30min 和 30h 断面的形貌和结构。图 6-8 为样品 T_{4-0} 的场发射扫描电镜图，图 6-9、图 6-10 为样品 T_{4-0} 酸腐蚀 30min 的能谱图。

图 6-8（1）中，样品 T_{4-0} 被酸腐蚀 30min 时，腐蚀层 b 点微显针孔状，但腐蚀痕迹不明显；样品内部 a 点较为平整且结构致密。由图 6-8（3）可以看出，a 点的晶粒多为板状和颗粒状，板状晶粒的尺寸 4～7μm 且棱角分明，颗粒状晶粒的尺寸 1～2μm，填充在板状晶粒的周围，晶粒间接触紧密，使结构致密。由图 6-8（5）看出被酸腐蚀 30min 的 b 点晶粒多为颗粒状，尺寸 0.5～1μm，少量六边形大晶粒尺寸 2～5μm。晶粒边角较为圆润，表明被酸溶解。溶解过程中，晶粒体积逐渐减小，留下了孔洞，造成针孔状的表面。由 a、b 两点的能谱图可知，a、b 处所含元素相同，仅是含量略微不同。由于烧结助剂往往浓缩于材料表面，a 点处于样品中心，能谱显示 Al_2O_3 含量较高，MgO 和 TiO_2 含量较低；b 点处于样品表面，烧结助剂 TiO_2 含量相比于 a 点较高，由于被酸液腐蚀导致 Al_2O_3、MgO 含量略微减少。

图 6-8（2）为样品 T_{4-0} 酸腐蚀 30h 的断面形貌，图中 d 点为腐蚀层，结构疏松，多孔洞，厚度约 80μm；样品内部的 c 点较平整。图 6-8（4）显示了 c 点的晶粒形貌，样品内部晶粒生长较完整且棱角分明，晶界明显，结构紧凑。图 6-8（6）中，被溶解的小颗粒附着在大颗粒上，晶粒间孔隙较大。与 b 点相比，d 点的结构更加疏松。结合物相分析，酸腐蚀 30h 后仍没有新物相生成，表明：随着腐蚀时间的延长，晶粒逐渐被酸液溶解，体积减小，造成晶粒间空隙增大，导致样品由表及里的结构变得疏松，形成腐蚀层；腐蚀层由 Al_2O_3（刚玉）、Al_4MgO_7 和 $MgTi_2O_5$ 耐酸

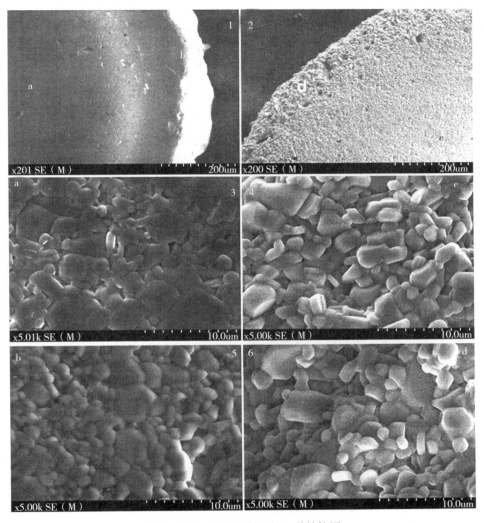

图 6 - 8　样品 T_{4-0} 断面的显微结构图

　　注：1—样品 T_{4-0} 酸溶 30min 断面形貌；2—样品 T_{4-0} 酸溶 30h 断面形貌图；3—样品 T_{4-0} 的 a 点局部放大图；4—样品 T_{4-0} 的 c 点局部放大图；5—样品 T_{4-0} 的 b 点局部放大图；6—样品 T_{4-0} 的 d 点局部放大图。

性能优异的物相组成，疏松的结构使得酸液通过腐蚀层向内部扩散时浓度逐渐降低，最终缓解了酸液对内部的侵蚀，提高耐酸性能。

　　图 6 - 11 为样品 T_{4-3} 的显微结构图，图 6 - 12、图 6 - 13 为样品 T_{4-3} 酸

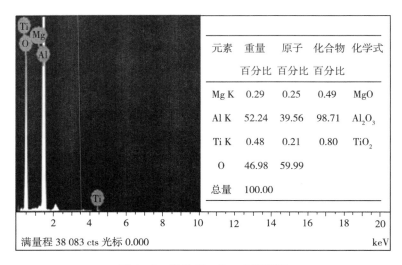

元素	重量 百分比	原子 百分比	化合物 百分比	化学式
Mg K	0.29	0.25	0.49	MgO
Al K	52.24	39.56	98.71	Al_2O_3
Ti K	0.48	0.21	0.80	TiO_2
O	46.98	59.99		
总量	100.00			

满量程 38 083 cts 光标 0.000

图 6-9 样品 T_{4-0} 的 a 点能谱图

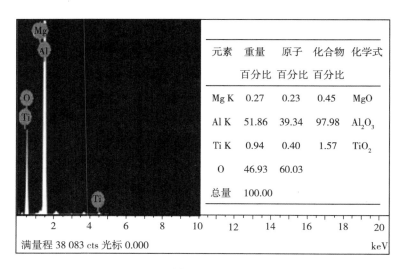

元素	重量 百分比	原子 百分比	化合物 百分比	化学式
Mg K	0.27	0.23	0.45	MgO
Al K	51.86	39.34	97.98	Al_2O_3
Ti K	0.94	0.40	1.57	TiO_2
O	46.93	60.03		
总量	100.00			

满量程 38 083 cts 光标 0.000

图 6-10 样品 T_{4-0} 的 b 点能谱图

腐蚀 30min 的能谱图。

样品 T_{4-3} 酸腐蚀 30min 时，样品表面凹凸不平。对比图 6-11（3）和图 6-11（5）发现，样品内部 a 点和腐蚀层 b 点形貌和结构相似，晶粒多为板状和少量颗粒状，尺寸 3～6μm，结构致密。即使被腐蚀的 b 处，晶

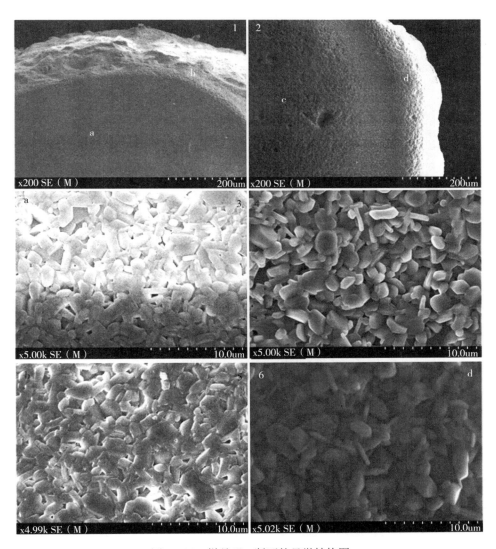

图 6 - 11　样品 T₄₋₃ 断面的显微结构图

注：1—样品 T₄₋₃ 酸溶 30min 断面形貌；2—样品 T₄₋₃ 酸溶 30h 断面形貌图；3—a 点局部放大图；4—c 点局部放大图；5—b 点局部放大图；6—d 点局部放大图。

粒仍保持原有的形态，腐蚀痕迹不明显。由 a、b 两点能谱图可知，a、b 处所含元素相同，仅是含量略微不同。与 a 相比，表面被酸腐蚀的 b 点 Al₂O₃ 和 TiO₂ 含量略微减少，说明少量含 Al、Ti 的化合物被酸液溶解。

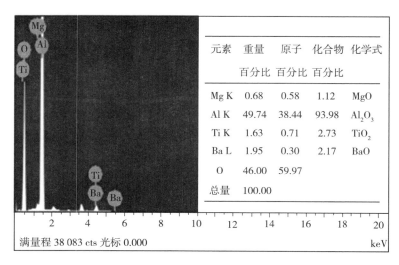

元素	重量 百分比	原子 百分比	化合物 百分比	化学式
Mg K	0.68	0.58	1.12	MgO
Al K	49.74	38.44	93.98	Al_2O_3
Ti K	1.63	0.71	2.73	TiO_2
Ba L	1.95	0.30	2.17	BaO
O	46.00	59.97		
总量	100.00			

满量程 38 083 cts 光标 0.000　　　　　　keV

图 6-12　样品 T_{4-3} 的 a 点能谱图

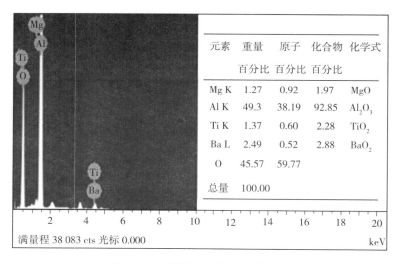

元素	重量 百分比	原子 百分比	化合物 百分比	化学式
Mg K	1.27	0.92	1.97	MgO
Al K	49.3	38.19	92.85	Al_2O_3
Ti K	1.37	0.60	2.28	TiO_2
Ba L	2.49	0.52	2.88	BaO_2
O	45.57	59.77		
总量	100.00			

满量程 38 083 cts 光标 0.000　　　　　　keV

图 6-13　样品 T_{4-3} 的 b 点能谱图

图 6-11（2）显示酸腐蚀 30h 后，样品 T_{4-3} 的腐蚀层厚度增加，约为 $120\mu m$。c 点六边形大尺寸晶粒较多；与 b 点相比，d 点被溶解的边角浑圆的小尺寸颗粒状晶粒增多，尺寸 $1\sim2\mu m$。大量晶粒被溶解说明样品 T_{4-3} 酸溶解度偏高。

　　图 6-14 为样品 T_{4-7} 的显微结构图，图 6-15、图 6-16 为样品 T_{4-7} 酸腐蚀 30min 的能谱图。

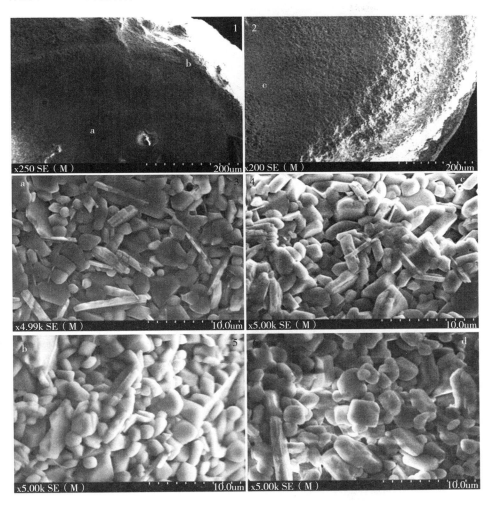

图 6-14　样品 T_{4-7} 断面的显微结构图

　　注：1—样品 T_{4-7} 酸溶 30min 断面形貌；2—样品 T_{4-7} 酸溶 30h 断面形貌图；3—样品 T_{4-7} 的 a 点局部放大图；4—样品 T_{4-7} 的 c 点局部放大图；5—样品 T_{4-7} 的 b 点局部放大图；6—样品 T_{4-7} 的 d 点局部放大图。

　　从图 6-14（1）可以看出，a 点比 b 点平整，b 点针孔状的表面显示出了酸腐蚀的痕迹。由图 6-14（3）和图 6-14（5）可以看出，b 处晶粒

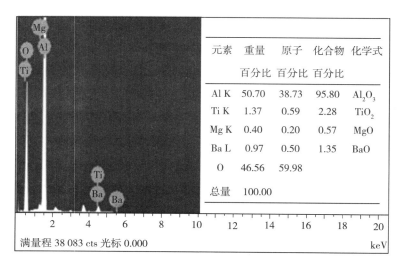

元素	重量 百分比	原子 百分比	化合物 百分比	化学式
Al K	50.70	38.73	95.80	Al_2O_3
Ti K	1.37	0.59	2.28	TiO_2
Mg K	0.40	0.20	0.57	MgO
Ba L	0.97	0.50	1.35	BaO
O	46.56	59.98		
总量	100.00			

满量程 38 083 cts 光标 0.000

图 6 - 15　样品 T_{4-7} 的 a 点能谱图

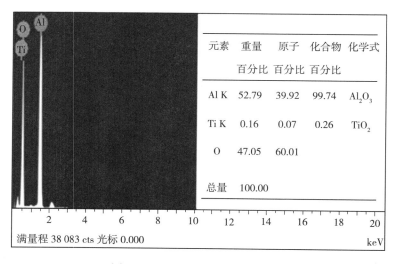

元素	重量 百分比	原子 百分比	化合物 百分比	化学式
Al K	52.79	39.92	99.74	Al_2O_3
Ti K	0.16	0.07	0.26	TiO_2
O	47.05	60.01		
总量	100.00			

满量程 38 083 cts 光标 0.000

图 6 - 16　样品 T_{4-7} 的 b 点能谱图

边角圆润，表明被酸液溶解。对比 a、b 两点能谱图可知，样品被腐蚀的表面只有 Al_2O_3 和 TiO_2，其中 Al_2O_3 的含量达到了 99.74%，表明样品 T_{4-7} 在烧结过程中生成的多元化合物的晶界间相耐酸性能较差，在酸腐蚀过程中被酸液完全溶解掉，同时也说明刚玉的耐酸性能优异。图 6 - 14

（2）显示了样品 T$_{4-7}$ 被酸腐蚀 30h 的断面图，图中 d 处与图 6－14（5）的 b 处相比，被酸腐蚀的痕迹更加明显，腐蚀厚度约为 200μm，腐蚀部位凹凸不平，质感粗糙，结构被严重破坏。由图 6－14（6）可以看出，d 点的晶粒边角圆润，大尺寸晶粒较多，颗粒状的小尺寸晶粒与图 6－14（5）相比较少且尺寸较小，说明在长时间的酸腐蚀过程中，原本尺寸较小的晶粒被酸液完全腐蚀掉，尺寸较大的晶粒被酸逐渐溶解，体积逐渐减小，造成晶粒间孔隙增大，结构疏松，酸溶解度偏高。

　　TiO$_2$ 能促进氧化铝的晶粒长大。很多研究表明，在氧化铝陶瓷烧结过程中，少量 MgO 通常会抑制晶粒的长大，而 TiO$_2$ 则会促进晶粒的长大[125]。因为 TiO$_2$ 与 Al$_2$O$_3$ 发生固溶，诱使氧化铝的晶格产生畸变，活化晶格，加速传质。由于 TiO$_2$ 的氧化铝陶瓷在空气中烧结来源于晶粒长大和晶界的迁移，当 TiO$_2$ 的加入达到一定含量的时候，无论升温速率高于或者低于氧化铝陶瓷的均匀成核速率，第二相的存在都可以抑制晶粒的生长，氧化铝晶粒都会很规则地生长[134]。当 TiO$_2$ 含量太高时，则会使氧化铝颗粒出现异常长大现象[135]。但过多过大的晶粒会产生空间位阻，妨害样品致密化。添加氧化镁可以通过晶界钉扎效应抑制晶粒过分长大，从而降低氧化铝晶粒生长的空间位阻，促使样品致密化[136-142]。图 6－8（3）显示 TiO$_2$ 和 MgO 共同添加时，大小晶粒的尺寸相差较大，小晶粒较多且填充在大晶粒周围，使得样品的结构致密。图 6－11（3）显示添加少量 BaO，样品的晶粒尺寸和形状较均一，晶粒间紧密接触，结构致密，减小了与酸接触的面积。图 6－14（3）显示添加大量 BaO，MgO 含量减少，样品中大尺寸晶粒增多，交错生长使得晶粒间孔隙较大，少量的小晶粒未能完全填充空隙，仅是稀疏地附着在大晶粒表面，导致结构致密度较差。结合样品的酸溶解度值，样品 T$_{4-0}$ 和 T$_{4-3}$ 的酸溶解度值均低于样品 T$_{4-7}$，表明致密的结构是导致样品耐酸性能优异的另一原因。

　　由能谱分析可知，样品 T$_{4-0}$ 和 T$_{4-3}$ 的腐蚀部位成分和未被腐蚀的中间部位成分相差不大，样品 T$_{4-7}$ 的腐蚀部位成分仅含有 Al$_2$O$_3$ 和 TiO$_2$。结合酸溶解度曲线、物相分析和扫描电镜图可以判断，在 Al$_2$O$_3$－BaO－MgO－TiO$_2$ 体系中，少量 BaO 可与体系中其他组分生成耐酸性能好的物相，致密的结构减小了暴露于酸液中的表面积，均一的形状使酸液对各晶粒的腐蚀速率较一致，在腐蚀初期晶粒仍能保持原有的形态，较长时间地维持致密结构，从而提高样品的耐酸性能。当 BaO 含量较多时，大尺寸的板状晶粒较多，小尺寸的颗粒状晶粒较少，小尺寸晶粒最先被腐蚀掉，为酸液向内部侵蚀提供了通道。另外，BaO 较多会生成的耐酸性能较差的铝酸钡相和多元化合物的晶界间相，它们不能长期抵抗混合酸液的侵蚀，在酸腐蚀过程中逐渐被溶解，最终导致样品酸溶解度偏高。

6.4　本章小结

采用工业氧化铝、碳酸钡、氧化镁和二氧化钛为主要原料制备 Al_2O_3-BaO-MgO-TiO_2 体系氧化铝陶瓷。研究了 TiO_2 含量和 BaO/MgO 比例对压裂支撑剂烧结温度、密度和酸溶解度的影响，分析了酸溶解前后样品的物相变化和显微结构，探索 Al_2O_3-BaO-MgO-TiO_2 体系酸溶解度降低的机理。得出以下结论：

（1）TiO_2 对降低氧化铝陶瓷烧结温度的效果非常显著。随着添加量的增加，陶瓷的烧结温度呈线性降低。降低烧结温度的机理主要是固溶作用活化了氧化铝的晶格，进而促进烧结。

（2）Al_2O_3-BaO-MgO-TiO_2 体系氧化铝陶瓷具有良好的耐酸性能。TiO_2 对氧化铝陶瓷酸溶解度的影响呈 V 形趋势。当 TiO_2 含量为 $4wt\%$ 且 BaO/MgO 为 3/7 时，酸溶解度低至 0.13%。

（3）Al_2O_3-BaO-MgO-TiO_2 体系氧化铝陶瓷耐酸性能好的原因有两点：一是烧结过程中生成 Al_2O_3（刚玉）、Al_4MgO_7 和 $BaAl_{12}O_{19}$ 酸溶解度较低的物相，本身耐酸性能优异；二是致密的结构减小了晶粒暴露于酸液中的表面积，均一的形状使酸液对各晶粒的腐蚀速率较一致，在腐蚀初期晶粒仍能保持原有的形态，较长时间地维持致密结构，从而提高样品的耐酸性能。此外，添加 TiO_2 可以有效降低样品的烧结温度。随着 TiO_2 含量的增加，样品的烧结温度呈非线性下降。

第 7 章　降低 Al_2O_3 – BaO – MgO – TiO_2 体系压裂支撑剂密度研究

7.1　前言

压裂支撑剂密度的大小直接影响石油开采成本的高低和增产效果。视密度大的压裂支撑剂容易在压裂产生的裂缝口处形成丘状堆积，对裂缝的导流能力极其不利；体积密度大的压裂支撑剂则会增加填充地层裂缝所需支撑剂的质量，增加压裂作业的成本[48]。低密度支撑剂可以大大减少压裂液输送过程中支撑剂的沉降，也可以增加有效支撑裂缝长度[143]，而且使用低黏度压裂液可以降低泵送功率，消除或减少对设计标准和参数的限制[144]，降低施工难度和成本；同时，低密度支撑剂可以有效地减少水力压裂作业中支撑剂的使用量。由于压裂支撑剂占水力压裂作业总费用的 $1/3\sim2/3$[145]，所以，研发低成本、低密高强陶粒支撑剂具有重要的理论意义和实际应用价值。

近年来，国产中密度和高密度陶粒支撑剂的性能已接近国外同类产品水平，低密度支撑剂产品与国外仍存在一定差距[14]，于是开展了大量研究。赵俊[146]等人以氧化铝和焦宝石为主要原料，锰矿粉作为烧结助剂制备出了高强度低密度的压裂支撑剂。他们研究发现：随着氧化铝含量的减少，压裂支撑剂中的物相组成由玻璃相和刚玉相的混合相转变成了刚玉相、莫来石相和玻璃相。莫来石的常驻状结构在一定程度上提高了压裂支撑剂的韧性，在降低密度的同时，避免了压裂支撑剂强度随氧化铝含量的减少而快速降低。在铝硅质陶瓷中，高铝质陶瓷的强度比黏土质陶瓷的强度高，且随着氧化铝含量的增加而大幅增加。石英和莫来石是黏土质陶瓷的主要晶相，而刚玉和莫来石是高铝质陶瓷的主要晶相。压裂支撑剂的微观结构和物相组成是配方设计的关键，直接决定了其力学化学性能。

根据 Al_2O_3 - SiO_2 系二元相图（图7-1）可知，液相线从左到右逐渐升高，熔点随着氧化铝含量的增加而增大，当氧化铝含量低于70%时，支撑剂的主要物相是方石英和莫来石；当氧化铝含量大于75%时，其主要物相是莫来石和2种形态的氧化铝（β - Al_2O_3 和 α - Al_2O_3）共存区，由于2种晶体或多种晶体结构差异会导致抗压强度下降，混晶区产品的抗压强度不如单晶区，而氧化铝以何种晶体形态存在取决于工艺条件。由于氧化铝完全转化成 α - Al_2O_3（刚玉）尤其困难，需要在1 200～1 400℃高温下保温4h以上。而非金属材料的莫来石晶体含量越多，分布越均匀，其机械强度越大。因此，在氧化铝含量不高的情况下，尽可能多地生成莫来石相是降低密度保证强度的关键。董丙响以氧化铝含量较低的II级铝矾土、SiO_2 含量较高的粉煤灰为主要原料，为降低烧结难度，减少烧结过程中产生的体积膨胀对陶粒强度的影响，引入方解石、长石等具有助熔能力的辅料促进混合料烧结，以降低烧成温度，提高结晶产物中刚玉相和莫来石相的比例[56]。

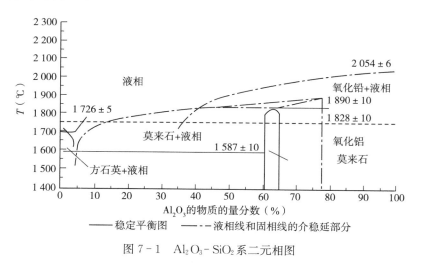

图7-1　Al_2O_3 - SiO_2 系二元相图

通常，低密度支撑剂的改性方法有3类：①多孔无包覆陶瓷低密度支撑剂，它以骨架成分、发气成分和助熔成分的原料为主，利用特殊烧结工艺，促进内部莫来石晶相生长，借助晶须增强韧化作用来大幅度提高陶粒的承压性能。由于单晶区耐压性能最大，若形成两种及以上晶体结构会导致应力分散，抗压强度降低，所以该类支撑剂的烧结过程很难控制。②多孔无机物包覆低密度支撑剂，它一般利用尿素作为成孔模板，在尿素的分解温度保温一定时间，所制备的部分内径尺寸可控的空心陶粒支撑剂性能可达到超低密度支撑剂标准。但是，该方法步骤繁琐，成本昂贵。③树脂包覆多孔低密度支撑剂，按照树脂包覆的次数能够分为一次覆膜支撑剂和二次覆膜支撑剂，通过对原有低密度支撑剂加入偶联剂、包覆树脂、增塑剂等，结合特殊工艺在外围形成一定三维网络结构的包覆层，提高支撑剂承压性。

　　低密度压裂支撑剂能够在低排量下保证支撑剂的输送，提供在绝大部分裂缝面积上得到支撑剂的机会，便于在地层内形成具有一定长度和高度的支撑带，提高产层导流能力，达到增产增效的目的，而且低密度压裂支撑剂有利于非胶化压裂液的使用，减少配制压裂液系统的复杂性，从而减少了对填砂裂缝的伤害[147]。目前，低密度压裂支撑剂已经在现场得到了较多应用，并带来了一定的经济效益。例如：美国宾夕法尼亚州西南部的一口气井中使用示踪剂对低密度支撑剂进行了测试，发现压裂后支撑剂分布在整个产层区域，说明低密度支撑剂改善了沉降速度过快的问题；Texas 西部地区利用 LiteProp 低密度压裂支撑剂进行了 130 井次压裂，增产效果明显。我国沙溪庙组完成了三口井的低密度压裂支撑剂现场应用试验，结果显示三口井的平均无阻流量是常规井的 1.91 倍。大庆油田中应用低密度压裂支撑剂后的油田增油 2.1 吨，产量比邻井显著提高[148]。

　　国际上对支撑剂的划分标准有很多，包括颗粒强度、尺寸大小、密度等。其中，以密度作为划分标准的分类见表 7-1。

表 7-1　压裂支撑剂密度分类

支撑类型	体积密度（g·cm^{-3}）	视密度（g·cm^{-3}）
超低密度支撑剂	<1.50	<2.60
低密度支撑剂	1.50~1.65	2.60~3.00
中密度支撑剂	1.65~1.80	3.00~3.35
高密度支撑剂	>1.80	>3.35

中高密度压裂支撑剂虽然有着良好的抗压性能，但是沉降速度快，易形成堆积，使裂缝得不到有效支撑；低密度支撑剂与超低密度支撑剂（ULWP）在未来均有着良好发展前景。陶粒压裂支撑剂虽具有高强度的特性，但颗粒相对密度较高，直接导致输送难度大，也很难做到在水力裂缝内均匀地分布，对压裂液的性能及泵送条件都提出了更高的要求[149-151]。另外，由于陶粒压裂支撑剂密度较大，导致沉降速度较快，在地层中易出现堵塞。所以研制开发低密度中强度和高强度陶粒压裂支撑剂是该领域重要的发展方向。

本章的主要内容是在 Al_2O_3 - BaO - MgO - TiO_2 体系中，通过引入不同添加剂，研究压裂支撑剂的密度变化，探索降低压裂支撑剂密度的途径。方法一：减少原料中 Al_2O_3 含量来降低压裂支撑剂的密度。Al_2O_3 相对分子质量102，真密度 $3.97g/cm^3$。氧化铝原料本身密度较大，烧结后制品的密度也相对较大。通过减少 Al_2O_3 的含量，引入相对密度较小的硼砂（相对密度 1.69~1.72）、三聚磷酸钠和白云石等常用工业原料来减小压裂支撑剂的密度。方法二：增加压裂支撑剂内部的气孔来降低密度。向原料中添加 MnO_2，利用变价锰离子在烧结后期加快体积扩散，促进晶粒长大，形成晶粒内部闭气孔，从而降低压裂支撑剂的密度。

7.2 实验部分

以工业氧化铝为主要原料，在 Al_2O_3 - BaO - MgO - TiO_2 体系中添加二氧化锰、硼砂、三聚磷酸钠或白云石，根据传统的陶瓷生产工艺完成样品 1、2、3、4 的制备过程，研究不同添加剂对氧化铝陶瓷性能的影响。氧化铝陶瓷的实验式为：$0.02BaO \cdot 0.21MgO \cdot Al_2O_3 \cdot 0.06TiO_2 \cdot xM$，其中 M、x 如表 7 - 2 所示。首先，按照配料比称取原料放入球磨罐中，采用湿法球磨 24h。倒出浆料，在 105℃ 的干燥箱中烘干后研磨成粉，经滚动成型制成直径为 0.8~1mm 的生坯。随后将生坯放入箱式电阻炉中，分别在 1 390~1 600℃ 下烧结，烧结制度为升温速度 5℃/min，保温时间 1h，当炉子温度降至室温后取出试样。制备好的压裂支撑剂再进行后续的性能测试和结构表征。

表 7 - 2　低密度压裂支撑剂的化学成分中的 M、x 值

样品名称	添加剂 M	x 值
1	MnO_2	0.04
2	B_2O_3	0.05
3	$Na_5P_3O_{10}$	0.01
4	$CaO \cdot MgO$	0.04

7.3　实验结果与分析

7.3.1　不同添加剂对压裂支撑剂烧结温度的影响

测试各组样品的吸水率并确定烧结温度，测试结果如表 7 - 3 所示。

表 7 - 3　添加剂种类对烧结温度的影响

样品名称	添加剂名称	烧结温度（℃）	吸水率（%）
1	二氧化锰	1 410	0
2	硼砂	1 390	0
3	三聚磷酸钠	1 560	0
4	白云石	1 600	0

表 7 - 3 中，4 种不同添加剂样品的烧结温度与样品 T_{4-3} 的烧结温度 1 450℃对比发现：添加硼砂后样品 2 的烧结温度降低约 60℃；添加二氧化锰后样品 1 的烧结温度降低约 40℃；添加三聚磷酸钠样品 3 的烧结温度升高到 1 560℃，约升高 160℃；样品 4 含 3% 的白云石，烧结温度高达到 1 600℃。结果表明：添加硼砂和二氧化锰有利于样品烧结；添加三聚磷酸钠和白云石不利于 Al_2O_3 - BaO - MgO - TiO_2 耐酸体系压裂支撑剂的烧结。

MnO_2 促进氧化铝陶瓷烧结机制与 TiO_2 一致。Mn^{2+} 与 Al^{3+} 的晶格常数相近，可以与 Al_2O_3 形成固溶体，致使晶格畸变，缺陷增加，并通过空位扩散机制提高 Al^{3+} 的扩散速率，促进烧结[134,152,153]。硼砂是常用的助熔剂，可有效降低物料熔点，促进液相形成，从而降低陶瓷的烧结温度。

7.3.2 不同添加剂对压裂支撑剂密度的影响

测试各组样品的视密度和体积密度，结果如表 7-4 所示。

表 7-4 添加剂种类对密度的影响

样品名称	添加剂名称	体积密度（g/cm³）	视密度（g/cm³）
1	二氧化锰	1.80	3.30
2	硼砂	1.91	3.45
3	三聚磷酸钠	1.99	3.61
4	白云石	1.95	3.60

由表 7-4 可以看出，添加二氧化锰的样品 1 密度最低，体积密度 1.8g/cm³，视密度 3.30g/cm³，属于中密度；样品 2、样品 3 和样品 4 的体积密度在 1.91～1.99g/cm³，视密度 3.45～3.61g/cm³，虽与样品 T_{4-3} 相比略微降低，但仍属于高密度压裂支撑剂。结果表明，二氧化锰对降低压裂支撑剂密度的效果最明显。

7.3.3 不同添加剂对压裂支撑剂耐酸性能的影响

测试各组样品的酸溶解度，结果如图 7-2 所示。

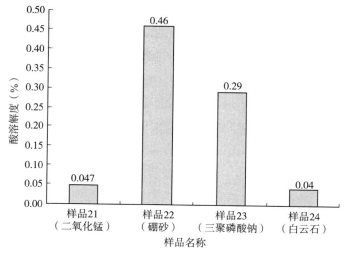

图 7-2 不同添加剂样品的酸溶解度柱状图

由图 7-2 可知，样品 1 和样品 4 的酸溶解度分别为 0.047% 和 0.04%，约是不含添加剂样品 T_{4-3} 的酸溶解度（0.13%）的 1/4；样品 2 和样品 3 的酸溶解度值比样品 T_{4-3} 高，分别是 0.46% 和 0.29%。结果表明：在 Al_2O_3-BaO-MgO-TiO_2 体系中，添加二氧化锰和白云石有利于提高氧化铝陶瓷的耐酸性能，添加硼砂和三聚磷酸钠会降低氧化铝陶瓷的耐酸性能。

结合表 7-3、表 7-4 和图 7-2 可知，四种添加剂中，二氧化锰对提高 Al_2O_3-BaO-MgO-TiO_2 体系压裂支撑剂性能的效果最好。二氧化锰不仅能降低压裂支撑剂的密度，还能大幅度提高压裂支撑剂的耐酸性能。

选择样品 1 进行 X 射线粉末衍射测试，分析样品酸溶前后的物相组成及变化，探索酸溶解度降低的机理。

7.3.4　物相分析

图 7-3 为样品 1 的 XRD 粉末衍射图，其中（a）为样品 1 酸溶前的 XRD 图，（b）为样品 1 酸溶后的 XRD 图。

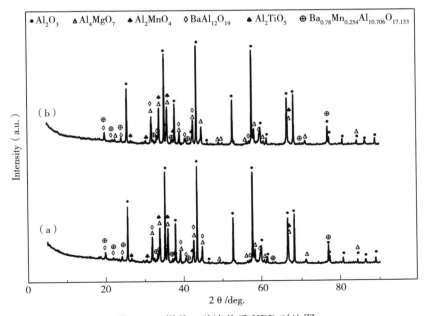

图 7-3　样品 1 酸溶前后 XRD 对比图

图 7 - 3 （a） 中，样品 1 酸溶前的主要物相有 Al_2O_3、Al_4MgO_7、Al_2MnO_4、$BaAl_{12}O_{19}$、Al_2TiO_5 和 $Ba_{0.78}Mn_{0.254}Al_{10.706}O_{17.153}$。对比 （a） 和 （b） 发现，酸溶前后物相组成几乎没有变化。第 6 章研究发现了：$Ba_{1.109}Al_{2.218}Ti_{5.782}O_{16}$ 化合物在长时间的酸溶过程中与 HF 反应，导致样品酸溶解度升高。然而，当添加二氧化锰后，样品中不存在 $Ba_{1.109}Al_{2.218}Ti_{5.782}O_{16}$ 化合物，Mn 取代了 Ti，与 Ba、Al、O 生成化合物 $Ba_{0.78}Mn_{0.254}Al_{10.706}O_{17.153}$。而且腐蚀前后 $Ba_{0.78}Mn_{0.254}Al_{10.706}O_{17.153}$ 的衍射峰几乎没有变化，表明 $Ba_{0.78}Mn_{0.254}Al_{10.706}O_{17.153}$ 具有良好的耐酸性能。这是样品 1 耐酸性能显著提高的原因。

7.3.5 显微结构分析

样品 1 酸溶 30min 后，经打磨抛光进行热腐蚀，利用场发射扫描电子显微镜观察样品酸溶后的形貌和结构。图 7 - 4 为样品 1 的截面形貌图。

由图 7 - 4 （1） 可以看出，样品表层 b 点和内部 a 点均较平整，b 点没有明显的酸腐蚀痕迹。对比 a、b 两点，被酸液腐蚀的 b 点和没有被酸液腐蚀到的 a 点，结构无明显差别。图 7 - 4 （3） 为 a 点的形貌图，图中晶粒多为板状，棱角分明，晶粒尺寸 $2 \sim 3 \mu m$。图 7 - 4 （4） 为 b 点形貌图，图中晶粒仍以板状为主，板状晶粒的棱角与 a 点相比较圆润，晶粒尺寸 $1 \sim 3 \mu m$。图 7 - 4 （3） 和 （4） 对比结果表明：酸腐蚀过程晶粒逐渐被酸液溶解。由图 7 - 5 和图 7 - 6 的 a、b 两点的能谱图可知，样品被酸液腐蚀的表层 b 与没有被腐蚀到的内部 a 所含元素相同，仅是 b 点 Al 的重量百分比略微减少，Ti、Mn、Ba 和 Mg 的重量百分比均增加。由于添加剂易浓缩于样品表面，所以 b 点的 Ti、Mn、Ba 和 Mg 的含量比 a 点多，且没有因为酸液的腐蚀而消失。表明，添加 MnO_2 后，在烧结过程中生成的两元或多元化合物耐酸性能优异。图 7 - 4 （2） 中，白色部分为气孔。添加 MnO_2 后，样品 1 内部闭合气孔较多，直径为 $3 \sim 5 \mu m$ 的小气孔分布较均匀。大量的气孔降低了样品的密度。

在 $Al_2O_3 - BaO - MgO - TiO_2$ 体系中添加 MnO_2，一部分与 Al_2O_3 生成锰铝尖晶石，一部分与 Al_2O_3 发生固溶，还有一部分取代 Ti 与 Ba、Al、O 生成耐酸性能较好的 $Ba_{0.78}Mn_{0.254}Al_{10.706}O_{17.153}$ 化合物。锰铝尖晶石具有

图 7-4　样品 1 的截面场发射扫描电镜图

　　注：1—样品 1 的截面形貌图；2—样品 1 的内部气孔；3—样品 1 的 a 点局部放大图；4—样品 1 的 b 点局部放大图。

良好的耐侵蚀能力和抗热震稳定性，由于 Ti^{4+} 很容易进入 $MnAl_2O_4$ 晶格内产生的氧离子空位和锰离子空位，促进烧结[154]。此外，Mn^{2+} 半径为 0.067nm，Al^{3+} 半径为 0.053nm，锰离子的半径较大，当 Mn^{2+} 置换 Al^{3+} 后，产生晶格畸变，活化了 Al_2O_3 晶格，更进一步促进烧结。烧结温度的降低是导致内部气孔较多的原因之一。原因之二是变价锰离子在烧结后期加快了体积扩散，促使晶粒长大，形成晶粒内部闭合气孔，最终达到降低压裂支撑剂密度的目的。

　　由物相分析可知，酸腐蚀后，样品没有新物相生成。表明 Al_2O_3 - BaO - MgO - TiO_2 - MnO_2 体系酸溶解度低是由于烧结过程中生成的化合物本身耐酸性能较好。

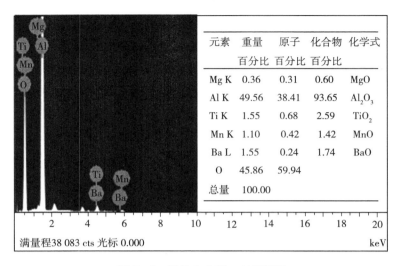

元素	重量 百分比	原子 百分比	化合物 百分比	化学式
Mg K	0.36	0.31	0.60	MgO
Al K	49.56	38.41	93.65	Al_2O_3
Ti K	1.55	0.68	2.59	TiO_2
Mn K	1.10	0.42	1.42	MnO
Ba L	1.55	0.24	1.74	BaO
O	45.86	59.94		
总量	100.00			

满量程38 083 cts 光标 0.000　　　　　　　　keV

图 7-5　样品 1 内部 a 点能谱图

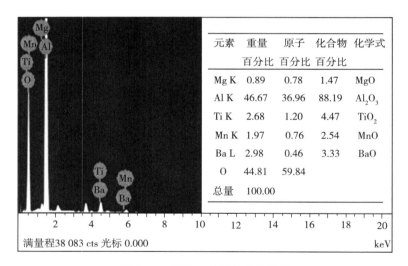

元素	重量 百分比	原子 百分比	化合物 百分比	化学式
Mg K	0.89	0.78	1.47	MgO
Al K	46.67	36.96	88.19	Al_2O_3
Ti K	2.68	1.20	4.47	TiO_2
Mn K	1.97	0.76	2.54	MnO
Ba L	2.98	0.46	3.33	BaO
O	44.81	59.84		
总量	100.00			

满量程38 083 cts 光标 0.000　　　　　　　　keV

图 7-6　样品 1 表层 b 点能谱图

7.4　本章小结

选取耐酸性能优异的 Al_2O_3-BaO-MgO-TiO_2 体系，研究二氧化锰、硼砂、三聚磷酸钠和白云石对氧化铝陶瓷性能的影响，得出以下结论：添加硼砂和二氧化锰可以降低氧化铝陶瓷的烧结温度，而在该体系中添加三聚磷酸钠和白云石，反而会使氧化铝陶瓷的烧结温度升高。对比几种添加剂对氧化铝陶瓷耐酸性能的影响，其中 Al_2O_3 - BaO - MgO - TiO_2 - MnO_2 体系氧化铝陶瓷耐酸性能优异，酸溶解度低至 0.047%。二氧化锰提高氧化铝陶瓷耐酸性能的机理是：在 Al_2O_3 - BaO - MgO - TiO_2 体系中添加 MnO_2，一部分与 Al_2O_3 生成具有良好的耐侵蚀能力和抗热震稳定性锰铝尖晶石，还有一部分取代 Ti 与 Ba、Al、O 生成耐酸性能较好的 $Ba_{0.78}$-$Mn_{0.254}Al_{10.706}O_{17.153}$ 化合物，从而提高压裂支撑剂的耐酸性能。此外，二氧化锰对降低样品密度的效果明显。变价锰离子在烧结后期可加快体积扩散，促进晶粒长大，形成内部闭气孔，是二氧化锰降低氧化铝陶瓷密度的主要原因。

第8章 高钛铝矾土制备压裂支撑剂

8.1 前言

铝矾土在 19 世纪 20 年代被法国学者贝尔基耶最早发现。1825 年第一次从铝矾土矿中制备出铝，但对其研究是在 1845 年。铝矾土是一种沉积岩，主要成分是氧化铝、二氧化硅、氧化铁、二氧化钛和少量碳酸盐类，有的也含有极少量的氧化铬、氧化钒、氧化镓等。按化学成分的不同，将铝矾土分为四类：刚玉型（氧化铝以不含结晶水的形式存在）、波美石型（氧化铝以含有一个结晶水的形式存在）、水铝土型（氧化铝以含有三个结晶水的形式存在）和混合型。铝矾土在工业上的应用十分广泛，可用于炼铝、制高铝水泥、人造刚玉（金刚砂）、研磨材料、耐火材料和化工原料等，也可用作陶瓷工业的主要原料。对于陶粒压裂支撑剂而言，常用的主要原料就是铝矾土。

第 6 章中介绍了 Al_2O_3 - BaO - MgO - TiO_2 体系氧化铝陶瓷的性能，总结出：当 TiO_2 含量为 4%，BaO/MgO 比例为 3/7 时，氧化铝陶瓷的耐酸性能最好。第 7 章介绍了几种添加剂对 Al_2O_3 - BaO - MgO - TiO_2 体系氧化铝陶瓷的影响，经对比发现 MnO_2 既能降低 Al_2O_3 - BaO - MgO - TiO_2 体系氧化铝陶瓷的密度，还能降低其酸溶解度。在前两章的基础上，本章以高钛铝矾土替代工业氧化铝制备陶粒压裂支撑剂，研究其耐酸性能，探索利用高钛铝土矿制备耐酸陶粒压裂支撑剂的可行性。

8.2 实验部分

在 Al_2O_3 - BaO - MgO - TiO_2 - MnO_2 体系中，以高钛铝矾土为主要原

料制备陶粒压裂支撑剂。压裂支撑剂的实验式为：

$$\left.\begin{array}{l} 0.22MgO \\ 0.25BaO \\ 0.009Fe_2O_3 \end{array}\right\} \cdot 1 \left\{\begin{array}{l} Al_2O_3 \\ MnO_2 \end{array}\right. \cdot \left\{\begin{array}{l} 0.047TiO_2 \\ 0.060SiO_2 \end{array}\right.$$

首先，按照配料比称取原料放入球磨罐中，采用湿法球磨 24h。倒出浆料，在 105℃ 的干燥箱中烘干后研磨成粉，经滚动成型制成直径为 0.8～1mm 的生坯。随后将生坯放入箱式电阻炉中，分别在 1 360～1 440℃ 下烧结，烧结制度为升温速度 5℃/min，保温时间 1h，当炉子温度降至室温后取出试样。制备好的压裂支撑剂再进行后续的性能测试和结构表征。

8.3　实验结果与分析

8.3.1　烧结温度对陶粒压裂支撑剂密度的影响

测试不同烧结温度样品的吸水率和密度，结果如表 8-1 所示。

表 8-1　烧结温度对密度的影响

烧结温度（℃）	吸水率（%）	体积密度（g/cm³）	视密度（g/cm³）
1 360	0.002	1.803	3.27
1 380	0	1.799	3.25
1 400	0	1.801	3.22
1 420	0	1.800	3.24
1 440	0	1.804	3.31

由表 8-1 可以看出，以煅烧铝矾土为原料的样品烧结温度较低，1 360℃ 时的吸水率为 0.002%。对比表中不同烧结温度的体积密度和视密度发现，在烧结温度范围内，样品的密度变化不大，体积密度约为 1.8g/cm³、视密度约 3.25g/cm³，属于中密度压裂支撑剂。

8.3.2　烧结温度对酸溶解度的影响

测试样品在不同温度下的酸溶解度值，结果如图 8-1 所示。

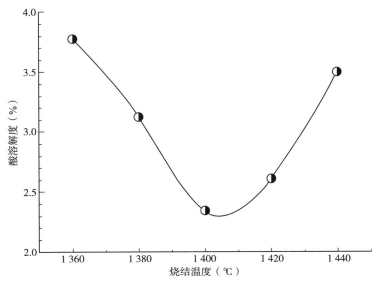

图 8-1　样品酸溶解度曲线图

图 8-1 显示，在烧结温度范围内，样品的酸溶解度值随温度的升高，先降低后升高，呈 V 形。1 360℃时，样品的酸溶解度为 3.77％；温度继续升高，酸溶解度下降，在 1 440℃时，酸溶解度达到最低 2.34％；继续升高温度，样品酸溶解度升高。结果表明，在样品烧结温度范围内，存在一个最佳烧结温度，此烧结温度下样品的性能最优。

8.4　本章小结

以煅烧铝矾土为原料，添加碳酸钡、氧化镁和二氧化锰制备陶粒压裂支撑剂，样品的体积密度 1.80g/cm³、视密度 3.22g/cm³、酸溶解度 2.43％，达到行业标准的要求，低于美国 CARBO 公司产品的指标（酸溶解度 3.5％、体积密度 2.0g/cm³、视密度 3.56g/cm³）。

第9章 Sc₂O₃掺杂氧化铝陶瓷

9.1 前言

大量实验研究证实：钙、镁、铝、硅氧化物体系在较低温度时就会出现液相，液相浸润在颗粒表面形成液膜，通过毛细管力对氧化铝晶粒起黏结作用，加速传质过程，降低烧结温度，改善陶瓷的结构和性能。所以，钙、镁、铝、硅氧化物体系是目前应用非常广泛的氧化铝陶瓷体系。

各国科研人员对钙、镁、铝、硅氧化物体系中，各组元之间的相互影响作用开展了大量研究。由于氧化铝中存在少量 SiO_2 和 CaO 时，液相的形成温度较低，但会出现晶粒异常长大的现象，所以通常会再添加 MgO。SiO_2 和 CaO 二者能够引起晶粒异常长大的原因与烧结过程中形成的少量液相有关。由于少量液相的不均匀分布，导致杂质离子在晶界处存在偏析，影响晶粒的结晶取向。特别是 Ca 的偏析对结晶取向高度敏感。但是，当 Ca 和 Mg 同时存在时，由于 Mg 的偏析对结晶取向不敏感，所以可以减弱 Ca 偏析的各向异性，从而形成尺寸分布狭窄的等轴状显微结构[155,156]。另外，MgO 在烧结中还能维持 CaO/SiO_2 比例，即维持烧结系统中的液相量，对裂纹的愈合有一定作用[107,157]。

氧化镁不仅有均化显微结构、减小晶粒各向异性的作用，还能细化晶粒、提高陶瓷的致密度。1961 年 Coble 最早发现了在氧化铝中添加 0.25% MgO 可以细化烧结体的晶粒，降低气孔率[158]。到了 1990 年，Bennison 和 Harmer 证实 MgO 能使晶界移动的速率比原来降低 50 倍[159]。同时，高温下 MgO 易挥发，能防止形成封闭气孔，是提高陶瓷致密度的主要原因。

氧化镁的含量对陶瓷性能的影响非常大。当氧化镁含量低于在氧化铝中的固溶极限时，可以促进瓷体致密、抑制晶粒异常长大；随着氧化镁含量的增多，陶瓷中会出现镁铝尖晶石[160,161]。镁铝尖晶石造成部分 Mg^{2+} 占据 Al^{3+} 的位置，促进间隙 Al^{3+} 的增加，提高点缺陷浓度，加速 Al^{3+} 的晶格扩散，降低了系统内部的界面能，同时产生"钉扎效应"，有助于晶粒细化、均匀，但致密化效果会明显减弱[162]。如果陶瓷中 $MgAl_2O_4$ 过多，会在晶界处过量堆积，反而降低了与刚玉主晶相间的结合力，容易产生应力裂纹，对机械性能不利[163,164]。所以，在使用 CaO - MgO - Al_2O_3 - SiO_2 体系时，要合理控制 CaO、MgO、SiO_2 之间的比例，三者缺一不可。然而，课题组前期研究发现了导致压裂支撑剂耐酸性能差的主要原因是原料中的硅质成分。再结合工业陶瓷生产的实际情况：原料中的硅质成分很难完全避免。因此，如何在含有少量 SiO_2 的条件下，提高氧化铝陶瓷的耐酸性能是亟待解决的问题。

本章主要介绍将稀土氧化物——Sc_2O_3 引入 CaO - MgO - Al_2O_3 - SiO_2 体系氧化铝陶瓷中，分析对陶瓷性能的影响规律，并揭示相关机理。

9.2　实验部分

以工业氧化铝为主要原料，在 Al_2O_3 - CaO - MgO - SiO_2 体系中添加不同含量的 Sc_2O_3，根据传统的陶瓷生产工艺完成样品 W_0、S_1、S_3、S_5、S_7 的制备。各样品化学组成如表 9 - 1 所示。其中，烧结助剂为 CaO - MgO - SiO_2 的复合添加剂。首先，按照配料比称取原料放入球磨罐中，采用湿法球磨 24h。倒出浆料，在 105℃ 的干燥箱中烘干后研磨成粉，经滚动成型制成直径为 0.8~1mm 的生坯。随后将生坯放入箱式电阻炉中，分别在 1 330~1 410℃ 下烧结，烧结制度为升温速度 5℃/min，保温时间 1h，当炉子温度降至室温后取出试样。制备好的压裂支撑剂再进行后续的性能测试和结构表征。

表 9 - 1　添加 Sc_2O_3 氧化铝陶瓷的化学成分（wt%）

样品名称	Al_2O_3	Sc_2O_3	烧结助剂
W_0	90	0	10
S_1	89	1	10

（续）

样品名称	Al_2O_3	Sc_2O_3	烧结助剂
S_3	87	3	10
S_5	85	5	10
S_7	83	7	10

9.3　实验结果分析

9.3.1　Sc_2O_3 含量对氧化铝陶瓷烧结温度的影响

通过吸水率判断陶瓷的初始烧成温度，将吸水率为零的最低烧成温度视为陶瓷的初始烧成温度，实验结果见图 9-1。

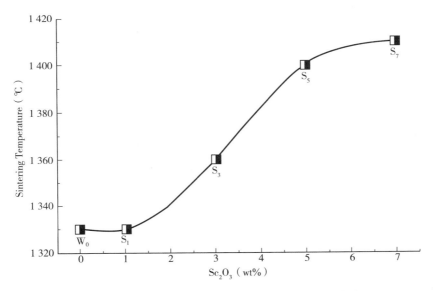

图 9-1　Sc_2O_3 含量与氧化铝陶瓷烧结温度的关系曲线

随着 Sc_2O_3 含量的增加，样品的烧结温度大幅度提高。未添加稀土氧化物的样品 W_0 初始烧成温度为 1 330℃。添加 1wt％ Sc_2O_3 对陶瓷的初始烧成温度影响不大；添加量达到 3wt％时，样品的初始烧成温度提高了 30℃；添加量达到 5wt％时，样品的初始烧成温度提高了 60℃；继续增大添加量，当达到 7 wt％时，样品的初始烧成温度提高了 80℃，与样品 S_3、S_5 相比，增加幅度略有减小。结果表明：添加 Sc_2O_3 会提高氧化铝陶瓷的烧结温度，使其呈非线性增长。

Sc_2O_3 的熔点为 $2\,403\pm20℃$，高于 Al_2O_3 的熔点（$2\,054℃$）。相图中近 Al_2O_3 区域，出现液相的温度高达 $1\,850℃$。当陶瓷中加入高熔点化合物且与氧化铝在配料点没有低共熔混合物生成或出现液相温度较高时，陶瓷的烧成温度会提高。因此，加入高熔点 Sc_2O_3 导致陶瓷的烧成温度提高。

9.3.2 Sc_2O_3 含量影响氧化铝陶瓷的视密度和酸溶解度

测试 5 组样品的视密度和酸溶解度，实验结果见图 9-2。随着 Sc_2O_3 含量的增加，样品的酸溶解度先减小后增大，而视密度则先增大后减小。

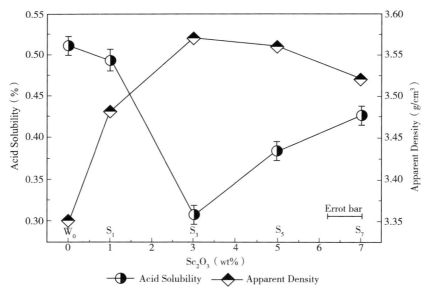

图 9-2　Sc_2O_3 含量与氧化铝陶瓷酸溶解与视密度关系曲线

未添加稀土氧化物的样品 W_0，视密度为 $3.35g/cm^3$。当添加 $1wt％$ Sc_2O_3 时，样品 S_1 的视密度提高到 $3.48g/cm^3$，提高幅度很大；当添加 $3wt％$ Sc_2O_3 时，样品 S_3 的视密度达到最大（$3.57g/cm^3$）；继续增加

Sc_2O_3 含量，样品的视密度开始降低。总体而言，含有 Sc_2O_3 样品的视密度高于未添加稀土氧化物的样品。添加 Sc_2O_3 不仅能提高氧化铝陶瓷的视密度，还能降低其酸溶解度。

样品 W_0 的酸溶解度为 0.51％；添加 $1wt\%Sc_2O_3$ 的样品 S_1 酸溶解度为 0.49％，比 W_0 略有降低；而当 Sc_2O_3 含量达到 $3wt\%$，样品 S_3 酸溶解度最小，降至 0.31％，耐酸性能比 W_0 提高了约 40％；然而，继续增加 Sc_2O_3 含量后，样品 S_5、S_7 的酸溶解度出现回升，耐酸性能比 S_3 差，但仍优于 W_0。值得注意的是，视密度最大的样品 S_3 的耐酸性能最好。实验结果表明密度与酸溶解度之间存在一定的联系，而且添加 Sc_2O_3 有利于提高氧化铝陶瓷的视密度和耐酸性能，最佳添量约为 $3wt\%$。

9.3.3　腐蚀时间对氧化铝陶瓷耐酸性能的影响

选取未添加稀土氧化物的样品 W_0 和耐酸性能最好的样品 S_3，研究腐蚀时间对样品酸溶解度的影响，实验结果见图 9-3。行业标准要求压裂支撑剂在腐蚀 30min 后的酸溶解度 ≤5％。如图所示，样品的酸溶解度随腐蚀时间的延长而升高，但 S_3 的酸溶解度始终低于 W_0。在腐蚀时间达到

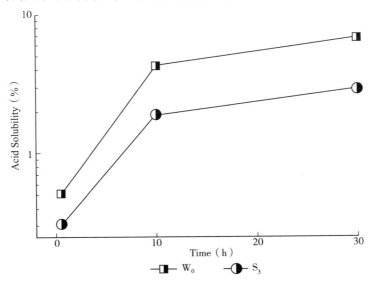

图 9-3　腐蚀时间与酸溶解度的关系

30h 时，W_0 的酸溶解度为 6.77%，而 S_3 的酸溶解度仅为 2.90%，仍能达到行业标准的要求。实验结果表明：添加 Sc_2O_3 的样品能长时间保持良好的耐酸性能。

9.3.4 Sc_2O_3 对氧化铝陶瓷物相组成的改变

为揭示 Sc_2O_3 提高氧化铝陶瓷耐酸性能的原因，选取样品 W_0 和 S_3，将两组腐蚀前后的样品进行 X 射线粉末衍射测试，分析 Sc_2O_3 对氧化铝陶瓷物相组成的影响，实验结果见图 9-4。

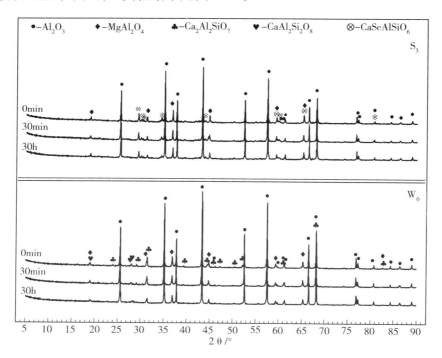

图 9-4 W_0 与 S_3 的 XRD 图谱

样品 W_0 腐蚀前的主要物相包括 Al_2O_3（刚玉）、$MgAl_2O_4$（镁铝尖晶石）、$CaAl_2Si_2O_8$（钙长石）和 $Ca_2Al_2SiO_7$（钙黄长石）。随着腐蚀时间的延长，Al_2O_3 和 $MgAl_2O_4$ 的衍射峰变化不明显，表明 Al_2O_3 和 $MgAl_2O_4$ 抵抗酸液侵蚀的能力较强，$CaAl_2Si_2O_8$ 和 $Ca_2Al_2SiO_7$ 的衍射峰逐渐减弱至完全消失，然而在腐蚀后的 W_0 中并没有检测到有新物相生成。耐酸性能最

好的样品 S_3 仍包括 Al_2O_3 和 $MgAl_2O_4$，与 W_0 的不同在于 S_3 中没有生成 $CaAl_2Si_2O_8$ 和 $Ca_2Al_2SiO_7$，而出现了含有 Sc 的新物相 $CaScAlSiO_6$。Sc_2O_3 的加入改变了陶瓷中含硅化合物的种类。对比 S_3 腐蚀前后的 XRD 谱图发现，无论是腐蚀 30min 还是 30h，S_3 的物相种类基本没有变化。表明与 $CaAl_2Si_2O_8$ 和 $Ca_2Al_2SiO_7$ 相比，$CaScAlSiO_6$ 具有良好的耐酸性能。为证实这一结论，我们合成了化合物 $CaAl_2Si_2O_8$、$Ca_2Al_2SiO_7$ 和 $CaScAlSiO_6$，测试它们的酸溶解度，研究不同含硅化合物的耐酸性能。

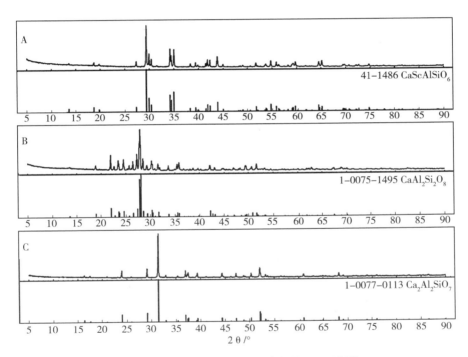

图 9-5　合成的不同含硅化合物的 XRD 谱图

注：A—$CaScAlSiO_6$，B—$CaAl_2Si_2O_8$，C—$Ca_2Al_2SiO_7$。

　　图 9-5 显示，合成物 A、B、C 分别与 $CaScAlSiO_6$、$CaAl_2Si_2O_8$ 和 $Ca_2Al_2SiO_7$ 的 PDF 卡片相匹配，没有出现杂峰。测试合成物 A、B、C 在 12/3 的 HCl/HF 混合酸液中腐蚀 1h 的酸溶解度，见图 9-6。W_0 中含有的物相是 $CaAl_2Si_2O_8$ 和 $Ca_2Al_2SiO_7$，酸溶解度分别是 21.1% 和 9.6%；耐酸性能最好的 S_3 中的物相 $CaScAlSiO_6$ 的酸溶解度仅为 1.2%，远低于

$CaAl_2Si_2O_8$ 和 $Ca_2Al_2SiO_7$。不同含硅化合物耐酸性能的排序如下：$CaScAlSiO_6 > Ca_2Al_2SiO_7 > CaAl_2Si_2O_8$。实验结果表明：陶瓷的物相组成对其耐酸性能的影响非常重要。添加 Sc_2O_3 后改变了陶瓷中含硅化合物的物相种类，抑制了耐酸性能较差的 $CaAl_2Si_2O_8$ 和 $Ca_2Al_2SiO_7$ 生成，促进了耐酸性能良好的 $CaScAlSiO_6$ 生成，耐酸性能好的物相减少了腐蚀过程中的质量损失，是含 Sc_2O_3 高铝陶瓷耐酸性能提高的原因之一。除了物相种类，材料的显微结构对性能的影响也非常重要。

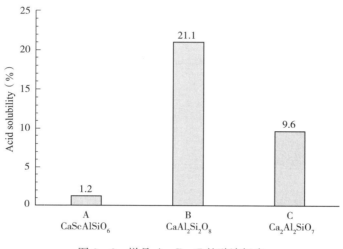

图 9-6　样品 A、B、C 的酸溶解度

9.3.5　Sc_2O_3对氧化铝陶瓷显微结构的影响

对比 W_0 和 S_3 腐蚀 30min（图 9-7 和图 9-10）和 30h（图 9-8 和图 9-11）的断面，研究 Sc_2O_3 对材料显微结构的影响。

酸液对陶瓷的腐蚀通过扩散的方式从表面向内部逐渐深入。观察图 9-7（W_0 腐蚀 30min 断面图）发现，腐蚀 30min 时，未添加稀土氧化物的样品 W_0 被酸液侵蚀的区域 A 呈针孔状，腐蚀层厚度约 $20\mu m$，与未被腐蚀的区域 B 相比结构疏松。扫描电镜制样过程中导致陶瓷内部的 B 区域出现 2 条掀起的巨大裂纹，反映出样品 W_0 本身抵抗外界冲击力的能力较差，材料本身强度不高。对比 A、B 区域的能谱发现，Al 和 Mg 的原

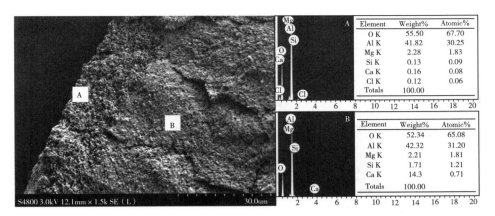

Element	Weight%	Atomic%
O K	55.50	67.70
Al K	41.82	30.25
Mg K	2.28	1.83
Si K	0.13	0.09
Ca K	0.16	0.08
Cl K	0.12	0.06
Totals	100.00	

Element	Weight%	Atomic%
O K	52.34	65.08
Al K	42.32	31.20
Mg K	2.21	1.81
Si K	1.71	1.21
Ca K	14.3	0.71
Totals	100.00	

图9-7　W_0腐蚀30min的断面扫描电镜图

子百分含量变化不大，Si和Ca的原子百分含量相差很大。A区域Si和Ca的原子百分含量远低于B区域。这一结果再次证明含Al和Mg的物相具有良好的耐酸性能，短时间腐蚀并未对其造成破坏；而陶瓷表面含Ca和Si的物相耐酸性能差，在短时间内就被酸液大量溶解，留下许多孔洞。

当腐蚀时间延长至30h（图9-8），W_0的表面被大量棱角分明的物质覆盖（区域C）。此区域的能谱图显示，未检测到Si元素，而F的原子百分含量高达约72%。元素分布如图9-9所示，W_0表面生成了大量针状、块状、片状物质，其中O和Al元素分布图的匹配度较好，Ca、Mg与F元素分布图的匹配度较好。长时间腐蚀，一方面酸液将陶瓷中耐酸性能差的组分溶解掉，使得陶瓷逐层脱落，因此未在表面观察到类似图9-7中A区域的腐蚀层；另一方面陶瓷中的组分与酸液发生反应，生成大量针状、片状的氟化钙和块状的氟化镁附着在表面（这两类氟化物难溶于水，微溶于酸），含Si物质被溶解后，Si^{4+}随酸液被冲洗过滤掉。D区域虽未观察到明显的腐蚀痕迹，但它的能谱图显示，除了检测到Ca、Mg、Al、Si元素外，还检测到了F和Cl元素，说明酸液已经侵蚀到了陶瓷的内部，从图中可以观察到细小的由表面向内部深入的裂纹，此为酸液侵蚀的痕迹（图9-8中箭头所示）。

耐酸性能最好的样品S_3，30分钟酸液腐蚀陶瓷的厚度约$10\mu m$，是

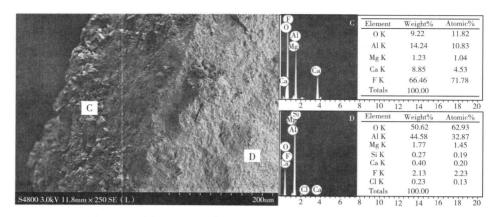

Element	Weight%	Atomic%
O K	9.22	11.82
Al K	14.24	10.83
Mg K	1.23	1.04
Ca K	8.85	4.53
F K	66.46	71.78
Totals	100.00	

Element	Weight%	Atomic%
O K	50.62	62.93
Al K	44.58	32.87
Mg K	1.77	1.45
Si K	0.27	0.19
Ca K	0.40	0.20
F K	2.13	2.23
Cl K	0.23	0.13
Totals	100.00	

图 9-8 W_0 腐蚀 30h 的断面扫描电镜图

图 9-9 W_0 腐蚀 30h 后表面的元素分布图

W_0 腐蚀层厚度的一半，而且与 W_0 的腐蚀层 A 不同，S_3 的腐蚀区域 a 结构致密，包裹在陶瓷表面形成皮壳，可以阻碍和延缓酸液向陶瓷内部的扩散，对内部结构起到保护作用。对比腐蚀区域皮壳 a 和陶瓷内部未被腐蚀区域 b 的能谱图，皮壳 a 中 Al、Si、Ca、Sc 的原子百分含量虽然低于陶瓷内部 b，但 Si 和 Ca 的原子百分含量与 W_0 腐蚀层 A 相比高很多（图 9-10）。腐蚀 30h 后（图 9-11），皮壳 c 的厚度增加至约为 $100\mu m$，结构保持良好。

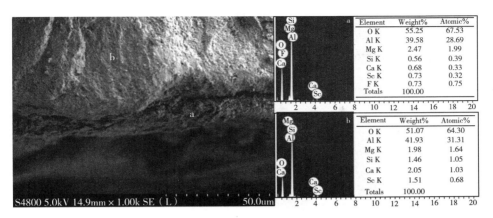

Element	Weight%	Atomic%
O K	55.25	67.53
Al K	39.58	28.69
Mg K	2.47	1.99
Si K	0.56	0.39
Ca K	0.68	0.33
Sc K	0.73	0.32
F K	0.73	0.75
Totals	100.00	

Element	Weight%	Atomic%
O K	51.07	64.30
Al K	41.93	31.31
Mg K	1.98	1.64
Si K	1.46	1.05
Ca K	2.05	1.03
Sc K	1.51	0.68
Totals	100.00	

图 9 - 10　S₃腐蚀 30min 的断面扫描电镜图

与 a 相比，皮壳 c 的能谱显示 Al、Sc 的原子百分含量略有提高，证实了含 Al、Sc 的化合物能长时间抵抗酸液的腐蚀，具有良好的耐酸性能；虽 Mg、Si、Ca 的原子百分含量略有减少且 F 的原子百分含量升高，但值得注意的是，当 W₀腐蚀 30h 后，表面已检测不到 Si 元素而是几乎被氟化物占据。这一对比表明，添加 Sc₂O₃后陶瓷中的组分不仅不易被酸液溶解掉也不易与其反应，能长时间维持原有状态。为了更好地证明这一观点，对样品 S₃不同腐蚀时间表面的结构进行观察（图 9 - 12）。腐蚀前，玻璃相填充在晶界处、黏结在晶粒表面，使 S₃表面结构致密，几乎没有孔洞，而且个别显露出来的晶粒棱角分明；腐蚀 30min 后，S₃表面虽然出现大量孔洞，但晶粒形貌仍未显现出来，结构与腐蚀前相比变化不大，说明酸液对样品的腐蚀并不严重；腐蚀 30h 后，S₃的表面孔洞数量没有大量增加，仅是玻璃相被溶解掉，晶界和晶粒形貌清晰可见且晶粒边角圆润，腐蚀痕迹虽然明显但未对样品表面的结构造成破坏。而且这种孔洞结构一方面使酸液向内部侵蚀时的路径变得更加复杂，另一方面使酸液浓度在由外向内扩散时逐渐降低。图 9 - 11 的 d 区域虽然离皮壳层较近，但没有观察到腐蚀痕迹且未检测到 F 或 Cl 元素，可见 S₃外表面的皮壳对酸液的阻碍作用很强，对样品内部的保护效果显著。但是，当添加过量的 Sc₂O₃时，陶瓷的耐酸性能反而降低。图 9 - 13 为样品 S₇腐蚀 30min 的断面图。

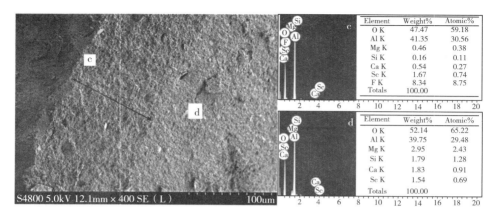

Element	Weight%	Atomic%
O K	47.47	59.18
Al K	41.35	30.56
Mg K	0.46	0.38
Si K	0.16	0.11
Ca K	0.54	0.27
Sc K	1.67	0.74
F K	8.34	8.75
Totals	100.00	

Element	Weight%	Atomic%
O K	52.14	65.22
Al K	39.75	29.48
Mg K	2.95	2.43
Si K	1.79	1.28
Ca K	1.83	0.91
Sc K	1.54	0.69
Totals	100.00	

图 9-11　S_3 腐蚀 30h 的断面扫描电镜图

图 9-12　S_3 不同腐蚀时间表面的扫描电镜图

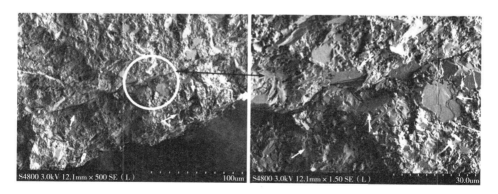

图 9-13　样品 S_7 腐蚀 30min 的断面扫描电镜图

　　样品 S_7 表面的腐蚀区域同样形成了皮壳，但皮壳厚度约有 $70\mu m$，远厚于样品 W_0（$20\mu m$）和 S_3（$10\mu m$）的腐蚀区域，表明酸液在样品 S_7 中的扩散速度较快。不仅如此，S$_7$表层的皮壳出现大量直径约有 10 μm 的孔洞（图 9-13 左图箭头所示），减弱了皮壳的保护作用。另外，S$_7$还含有大量异常长大的、直径约 15 μm 的片状氧化铝晶粒。当酸液将晶界玻璃相溶解掉后，异常长大的晶粒从基体上整块脱落（右图箭头所示），造成质量损失，导致材料的酸溶解度升高，耐酸性能降低。

9.4　讨论

通过研究 Sc$_2$O$_3$对氧化铝陶瓷耐酸性能的影响发现：添加适量 Sc$_2$O$_3$可大幅度提高氧化铝陶瓷的耐酸性能。大量文献曾报道氧化铝陶瓷的耐腐蚀行为受材料纯度的影响。烧结过程中，杂质会沿晶界发生偏析从而引起氧化铝晶格的应变导致结合能随杂质含量的增加而降低，使这些地方容易受到腐蚀溶液的侵蚀[110]。由于杂质的电荷和离子半径与 Al^{3+}的差别决定了它们在氧化铝晶格中的溶解度，而溶解度又决定了杂质的分布情况。当杂质的浓度超出了在氧化铝中的溶解极限，它们就会偏析在陶瓷材料的晶界处[113]。然而，当杂质在晶界处也达到溶解极限时（这比在晶体内的高）就会形成另一物相[165]，从而减弱杂质偏析对材料耐酸性带来的负面影响。MgO、CaO 和 SiO$_2$是氧化铝陶瓷常用的烧结助剂，SiO$_2$有助于加快坯体干燥、提高坯体机械强度；CaO 和 MgO 可以降低陶瓷的烧结温度[166]。根据路易斯酸碱理论，酸性氧化物和化合物能抵制酸液的侵蚀，易于被碱侵蚀[167]。Al$_2$O$_3$是两性氧化物，因此耐酸碱腐蚀的性能均较强。MgO 和 CaO 是碱性氧化物，故它们本身耐酸性能较弱。SiO$_2$虽是酸性氧化物，能抵抗多数无机酸的腐蚀，但易溶于 HF。酸碱理论只能粗略地判断材料的耐腐蚀性能，因为次要组分的存在会对性能造成很大的改变[98]。

由于添加的 MgO、CaO 和 SiO$_2$较多，远高于在晶界处的溶解极限，使得它们在烧结过程中与其他组分结合生成新物相：原料中的 MgO 与Al$_2$O$_3$反应生成耐酸性能良好的镁铝尖晶石；CaO 和 SiO$_2$在未添加稀土氧化物的样品 W$_0$中主要生成 CaAl$_2$Si$_2$O$_8$和 Ca$_2$Al$_2$SiO$_7$，添加了 Sc$_2$O$_3$后耐酸性能最好的样品 S$_3$中主要生成了 CaScAlSiO$_6$。Sc$_2$O$_3$的添加改变了氧化铝陶瓷中物相的存在形式。由于物相的溶解度对陶瓷腐蚀程度有很大影响，所以研究 $CaScAlSiO_6$、$CaAl_2Si_2O_8$ 和 $Ca_2Al_2SiO_7$ 的酸溶解度，发现 $CaScAlSiO_6$ 在 12/3 的 HCl/HF 混合酸液中腐蚀 1h 的溶解度仅为 1.2%，远低于 $CaAl_2Si_2O_8$ 和 $Ca_2Al_2SiO_7$（21.1% 和 9.6%）。另外，由于晶界处生成的富硅玻璃相很容易被无机酸腐蚀，所以 $CaScAlSiO_6$ 的生成一方面减少了玻璃相中的硅质成分，改善了玻璃相的耐腐蚀性能；另一方面与 Al_2O_3、$MgAl_2O_4$ 组成坚实的皮壳包裹在陶瓷表面，抑制或缓解了酸液向陶瓷内部的侵蚀，提高了陶瓷的耐酸性能。

但是，当添加过量 Sc_2O_3 时，烧结温度较高导致晶粒尺寸较大，尤其是大量片状晶的存在降低了材料的致密度。酸液一方面沿孔隙渗透，迅速侵入陶瓷内部；另一方面晶界玻璃相被溶解后，大量晶粒尺寸异常长大的片状晶体完全暴露于腐蚀介质中，最终从陶瓷基体上整体脱落，造成较大的质量损失，是耐酸性能变差的主要原因。

9.5　本章小节

添加适量 Sc_2O_3 的氧化铝陶瓷耐酸性能比未添加的样品提高了约 40%。主要原因在于：Sc_2O_3 改变了氧化铝陶瓷的物相种类，将耐酸性能较差的物相 $CaAl_2Si_2O_8$ 和 $Ca_2Al_2SiO_7$ 转变成了耐酸性能较好的物相 $CaScAlSiO_6$。另外，当酸液将陶瓷中不耐腐蚀的物质溶解后，未被酸液溶解掉的 $CaScAlSiO_6$、Al_2O_3 和 $MgAl_2O_4$ 在陶瓷表面形成含有孔洞的坚实皮壳，孔洞结构不仅使酸液向内部侵蚀时的路径变得更加复杂，减缓了对陶瓷的腐蚀速度，而且还使酸液浓度在由外向内扩散时逐渐降低，对样品内部的保护效果显著。

第 10 章　氧化钇掺杂氧化铝陶瓷

10.1　前言

　　稀土元素独特的物理性质和化学性质，为稀土元素的广泛应用提供了基础。随着现代科学技术的发展，对材料提出了各种新要求，稀土元素的应用由早期主要利用它们的共性，已扩展到单一稀土的利用，深入到现代科学技术的各个领域，并促进了这些领域的发展。稀土金属和化合物已经成为发展现代尖端科学技术不可缺少的特殊材料，是新材料的"宝库"，被誉为现代材料发展的"工业味精"[168]。

　　目前全世界的陶瓷（包括玻璃）生产中，稀土用量占稀土总产量的30%左右。稀土氧化物在陶瓷中主要是作为添加物来改进材料的烧结性、致密性、显微结构和晶相组成等，从而极大程度上改善它们的力学、电学、光学或热学性能[169]。

　　稀土元素由于电子结构特殊，对陶瓷的影响机理大致可分为以下三种：①稀土氧化物稳定性高，高温挥发性弱，具有良好的表面活性，能够和原料反应生成液相，从而降低烧成温度，达到促进烧结的目的[170]。②稀土离子半径比铝离子半径大得多，难以与氧化铝形成固溶体，因此主要存在于晶界上。由于稀土离子自身较大的体积导致在结构中迁移阻力大，而且还阻碍其他离子迁移，降低了晶界迁移速率，抑制晶粒生长，有利于致密结构的形成，达到改善陶瓷力学性能的目的[171]。③利用稀土氧化物进行掺杂改性能有效抑制晶型转变中的体积收缩，并且稀土氧化物和氧化铝反应生成细小颗粒分布于晶界处，可以限制晶界移动，防止裂纹扩展[172,173]。

　　杂质通过改变晶界、晶格和表面扩散使晶界和孔洞的迁移速率变化以影响基体的致密度。当晶界移动速率与气孔移动速率相同时，晶界带动气孔以正常速率移动可确保气孔在晶界上。气孔利用晶界作为传递的快速通道而迅速汇集或消失。随着温度的升高，体系中形成的液相量增多，原子扩散速率加快。大量液相借助颗粒之间的毛细作用填充孔隙，使连通的孔洞逐渐收缩圆化甚至闭合，从而促进基体致密。但是，在低温烧结达到足够致密度后继续提高温度，不仅会导致晶粒异常长大，使气孔在晶界迁移过程中与晶界分离而永久陷入晶粒内部，妨碍基体致密化，还会导致材料中的液相量过多，反而造成氧化铝陶瓷的各项性能变差[174,175]。纯氧化铝的晶界迁移速率非常高，引入稀土氧化物后，由于稀土氧化物在氧化铝中的溶解度极低，根据凝固过程中的溶质再分配规律，稀土氧化物易在晶界和相界面处吸附偏聚，填补晶粒表面的缺陷，这种浓度分布为非平衡态热力学组成分布，可以有效阻碍晶界的移动，抑制晶粒长大。

稀土氧化物对氧化铝陶瓷烧结性能的影响和它们在晶界处的偏析密切相关。Fang jianxi[176]在研究稀土氧化物对氧化铝陶瓷烧结性能的影响时发现，半径大的稀土离子在氧化铝晶界的偏析对表面能的改变比扩散率的改变小得多。由于晶界扩散是陶瓷致密过程中的主要传输机制，所以稀土氧化物可以降低陶瓷的致密化速率。黄良钊[177]研究了 1% 的 Y_2O_3 对 99 瓷烧结性能的影响。作者指出，Y^{3+} 可以置换 Al^{3+} 形成置换固溶体，由于离子尺寸差别较大（$r_{Y^{3+}} = 0.098nm$，$r_{Al^{3+}} = 0.061nm$）且晶体结构不同（Al_2O_3 为刚玉型，Y_2O_3 为立方 C 型），置换的结果使刚玉晶格发生畸变，促进了间隙 Al^{3+} 增加，增大了点缺陷浓度，对烧结过程有加速作用。同时，液相通过对固相表面的润湿力和表面张力使主晶相粒子靠紧并填充气孔。由于细小有缺陷的晶体表面活性大，在液相中溶解度也大，可以利用晶体再结晶的过程排除气孔，加速致密。关于氧化钇对氧化铝陶瓷烧结行为的研究发现，添加剂在烧结过程中可以提高表面活化能[178]。Y 掺杂氧化铝对烧结的影响分三个步骤：当晶界处的钇离子浓度较低时，会延迟陶瓷的致密化而增加表面活化能；随着烧结的进行，晶粒生长导致晶界减少，晶界处钇离子浓度增加至饱和状态时，可以提高致密化速率；但当有含钇化合物生成时，致密化速率会再次减慢。Pillai[165]

等人发现 MgO、Y_2O_3 和 CeO_2 能通过液相助烧机制提高基体致密度，但是 MgO 和 CeO_2 可以减小氧化铝的晶粒尺寸，而 Y_2O_3 导致晶粒长大。Galusek 在关于稀土氧化物对氧化铝晶粒生长的影响上有不同的看法，他研究发现 MgO、Y_2O_3 和 ZrO_2 均有抑制二次烧结亚微米级氧化铝陶瓷晶粒生长的作用[179]。有文献指出稀土氧化物对氧化铝陶瓷烧结性能的影响与制备稀土氧化物的母盐相关。原料盐的种类、分解温度和分解时间的不同导致生成氧化物的结构缺陷、内部应变和粒度也有所改变。用能够生成粒度微小、晶格常数较大、结构疏松的母盐制得的氧化物，可改善材料的烧结性能[180,181]。

多年来，稀土氧化物在氧化铝中的分布情况是很多研究人员关注的课题。苏春辉[182]用 EPMA 法观测透明陶瓷晶界处的化学组成和稀土氧化物的定态浓度分布。他用非平衡态热力学理论分析晶界偏析行为发现，稀土氧化物在氧化铝透明陶瓷晶界的浓度分布为非平衡态热力学组成分布：Al 主要分布在晶粒内，晶界处浓度很低；La_2O_3、Y_2O_3 和 MgO 主要富集于三晶粒交汇处，少量分布于晶粒内。Robert 用俄歇电子能谱和低能离子散射分析氧化钇掺杂氧化铝表面的化学组成时发现，Y 在晶界富集的浓度是在晶体里的几百倍[183]。Loudjani[184]等人研究了 Y 对 $\alpha - Al_2O_3$ 传输性能的影响机理，发现 Y 在多晶氧化铝表面的溶解度大概是 300×10^{-6}。当 Y_2O_3 含量小于 300×10^{-6} 时，大部分 Y 固溶到多晶体的晶粒中；当 Y_2O_3 达到 300×10^{-6} 时，有 $Y_3Al_5O_{12}$ 生成。而 Y_2O_3 在大多数单晶中的溶解度约是 6×10^{-6}。作者还发现，在固溶体中 Y 占据了 Al 的位置，Y 是氧化铝的供体。由于钇离子尺寸大，导致 O 空位形成。Y 通过铝空位增加阳离子扩散，通过氧空位降低阴离子扩散。如果铝填隙或氧填隙在氧化铝中是主要的点缺陷，将会出现相反的作用。Cawley[185]报道了钇掺杂蓝宝石中杂质的分布情况。生长过程中，所有的杂质都偏析在晶体表面。当温度达到氧化铝熔点时，钇在氧化铝中的溶解度也不到 10×10^{-6}。Gruffel[186]在研究氧化钇对细晶氧化铝陶瓷的影响中仅观察到了晶界偏析，当晶界处的钇浓度达到饱和时，会生成富含钇的晶界间相。Moya[187]采用二次离子质谱技术研究氧化钇在单晶氧化铝陶瓷中的扩散。氧化钇在晶界处扩散很快，扩散深度超过了 $100 \mu m$。通过对比 Y^{3+}、Cr^{3+} 和 Al^{3+} 的扩散系数，作者认为用离子尺寸预测外来元素在氧化铝中扩散系数的变化是不可靠的。Thompson[188]等人通过二次离子质谱研究 La_2O_3 和 Y_2O_3 在多晶氧化铝陶瓷中的分布情况，发现 La^{3+} 和 Y^{3+} 主要分布在晶界处和孔洞表面。过多地掺杂会导致第二相（YAG、$3Y_2O_3 \cdot 5Al_2O_3$、$La_2O_3 \cdot 11Al_2O_3$）细小晶粒的生成。

稀土氧化物在氧化铝中的固溶和晶界偏析，不仅对氧化铝陶瓷的烧结性能有很大影响，对材料机械力学性能的影响也不容忽视。Y_2O_3 掺杂增强氧化铝陶瓷断裂韧性的主要原因在于阳离子偏析改变了氧化铝晶界处的化学结合状态，从而影响晶界的断裂能[189]。多数研究认为掺杂稀土能提高晶界结合能，但是，West[190]认为稀土掺杂降低了晶界结合强度，并指出氧化铝断裂方式与稀土离子的晶界偏析关系密切。随着晶粒尺寸的减小，断裂方式以穿晶断裂为主，这一结果归因于热膨胀系数各向异性的作用。而在晶粒尺寸相似的情况下，稀土掺杂的氧化铝陶瓷样品出现沿晶断裂的比例比不掺的多。主要原因在于稀土离子的晶界偏析导致表面自由能减小，从而减小了沿晶断裂所需要的功，故沿晶断裂大量出现。至此，稀土氧化物对材料晶界结合强度的影响并没有定论。

为了探究稀土氧化物——Y_2O_3 对陶瓷晶界及耐酸性能的影响，本章主要介绍 $Al_2O_3 - CaO - MgO - SiO_2 - Y_2O_3$ 体系氧化铝陶瓷的相关内容。

10.2 实验部分

以工业氧化铝为主要原料，在 $Al_2O_3 - CaO - MgO - SiO_2$ 体系中添加不同含量的 Y_2O_3，根据传统的陶瓷生产工艺完成样品 W_0、Y_1、Y_3、Y_5、Y_7、Y_9、Y_{11} 的制备。各样品化学组成如表 10-1 所示。其中，烧结助剂为 CaO - MgO - SiO 的复合添加剂。首先，按照配料比称取原料放入球磨罐中，采用湿法球磨 24h。倒出浆料，在 105℃ 的干燥箱中烘干后研磨成粉，经滚动成型制成直径为 0.8~1mm 的生坯。随后将生坯放入箱式电阻炉中，分别在 1 330~1 450℃ 下烧结，烧结制度为升温速度 5℃/min，保温时间 1h，当炉子温度降至室温后取出试样。制备好的压裂支撑剂再进行后续的性能测试和结构表征。

表 10-1　添加 Y_2O_3 高铝陶瓷的化学成分（wt%）

样品名称	Al_2O_3	Y_2O_3	烧结助剂
W_0	90	0	10
Y_1	89	1	10
Y_3	87	3	10
Y_5	85	5	10
Y_7	83	7	10
Y_9	81	9	10
Y_{11}	79	11	10

10.3　实验结果与分析

10.3.1　Y_2O_3 含量影响氧化铝陶瓷的烧结温度

通过吸水率判断陶瓷的初始烧成温度，将陶瓷吸水率为零的最低烧成温度视为初始烧成温度，实验结果见图 10-1。

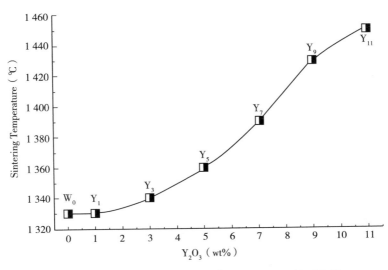

图 10-1　Y_2O_3 含量与氧化铝陶瓷烧结温度的关系曲线

随着 Y_2O_3 含量的增加，样品的烧结温度大幅度提高。添加 1wt% 和

3wt％Y$_2$O$_3$对陶瓷的初始烧成温度影响不大；添加量达到5wt％时，样品的初始烧成温度开始明显升高，提高了近30℃；继续提高Y$_2$O$_3$的添加量，样品的初始烧成温度升高幅度加大，当含量达到11wt％时，温度升高至1 450℃，比W$_0$提高了120℃。结果表明：大量添加Y$_2$O$_3$会提高氧化铝陶瓷的烧成温度。

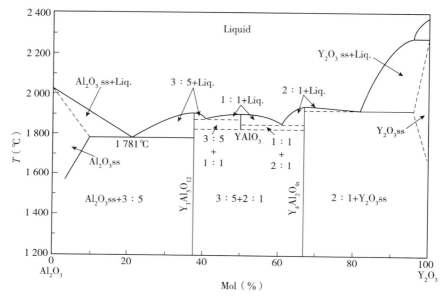

图10-2 Al$_2$O$_3$-Y$_2$O$_3$相图[191]

由相图（图10-2）可知，Y$_2$O$_3$的熔点为2 380℃，高于Al$_2$O$_3$的熔点（2 054℃）。近Al$_2$O$_3$区域，出现液相的温度高达1 781℃。虽然二者能生成固溶体，但氧化钇在多晶氧化铝表面的溶解度小于300×10^{-6}。当Y$_2$O$_3$添加量较多时，与固溶助烧机制相比，拥有较大半径的稀土离子阻碍离子扩散的机制占主导地位，所以加入高熔点的Y$_2$O$_3$导致陶瓷的烧成温度升高。

10.3.2 Y$_2$O$_3$含量影响氧化铝陶瓷的视密度和酸溶解度

测试七组样品的视密度和酸溶解度，结果如图10-3所示。随着Y$_2$O$_3$含量的增加，样品的酸溶解度先急剧减小后缓慢增大，而视密度则先急剧增大趋于平缓后逐渐减小。

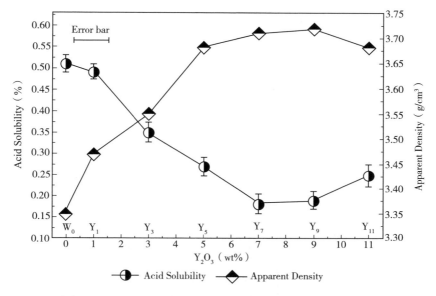

图 10-3 Y_2O_3 含量与氧化铝陶瓷酸溶解与视密度关系曲线

样品 W_0 的视密度为 $3.35g/cm^3$。当 Y_2O_3 添加量增加到 $5wt\%$ 时，样品 Y_5 的视密度提高到 $3.68g/cm^3$，提高幅度很大；继续增加 Y_2O_3 含量，样品的视密度曲线趋于平缓，升高幅度较小，当含量达到 $9wt\%$ 时，样品 Y_9 的视密度最高，为 $3.72 g/cm^3$；随后，视密度曲线则随 Y_2O_3 含量的增加而降低。但总体而言，含有 Y_2O_3 样品的视密度高于未添加稀土氧化物的样品。

添加 Y_2O_3 不仅能提高氧化铝陶瓷的视密度，还能降低其酸溶解度。样品 W_0 酸溶解度为 0.51%；添加 $1wt\%$ Y_2O_3 的样品 S_1 酸溶解度为 0.50%，比 W_0 略有降低；而当 Y_2O_3 含量达到 $7wt\%$ 时，样品 Y_7 的酸溶解度最小，降至 0.18%，耐酸性能比 W_0 提高了约 65%；样品 Y_9 的酸溶解度为 0.19%，略微升高，耐酸性能与 Y_7 相近；而 Y_2O_3 含量增加至 $11wt\%$ 时，样品 Y_{11} 的耐酸性能（酸溶解度为 0.25%）远差于 Y_7 和 Y_9，但仍优于 W_0。实验结果表明，添加 Y_2O_3 能提高氧化铝陶瓷的视密度和耐酸性能。

10.3.3 Y_2O_3 对氧化铝陶瓷物相组成的改变

将腐蚀前的七组样品进行 X 射线粉末衍射测试，分析 Y_2O_3 对氧化铝陶瓷物相组成的影响，实验结果见图 10-4。

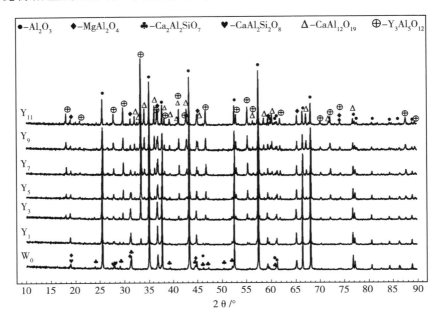

图 10-4 不同含量 Y_2O_3 样品的 XRD 图谱

七组样品中均包括 Al_2O_3 和 $MgAl_2O_4$。不同点在于：W_0 中还有物相 $CaAl_2Si_2O_8$ 和 $Ca_2Al_2SiO_7$；Y_1 仍含有 $CaAl_2Si_2O_8$ 和 $Ca_2Al_2SiO_7$，只是 $Ca_2Al_2SiO_7$ 的衍射峰数量减少，峰强减弱，而且开始出现 $Y_3Al_5O_{12}$ 的特征峰；Y_3 和 Y_5 不再含有物相 $CaAl_2Si_2O_8$，但仍含有少量的 $Ca_2Al_2SiO_7$，$Y_3Al_5O_{12}$ 衍射峰的数量增多，峰强增大；当 Y_2O_3 含量 $\geqslant 7$ wt% 时，样品（Y_7、Y_9、Y_{11}）除了含有 $Y_3Al_5O_{12}$ 外还出现了新物相 $CaAl_{12}O_{19}$，而不再含有物相 $CaAl_2Si_2O_8$ 和 $Ca_2Al_2SiO_7$。研究耐酸性能最好的样品 Y_7 腐蚀前后的物相变化，结果见图 10-5。

Y_7 腐蚀前后的样品中均包含 Al_2O_3、$MgAl_2O_4$、$Y_3Al_5O_{12}$ 和 $CaAl_{12}O_{19}$，物相种类没有发生变化，只是随着腐蚀时间的延长，$Y_3Al_5O_{12}$ 和

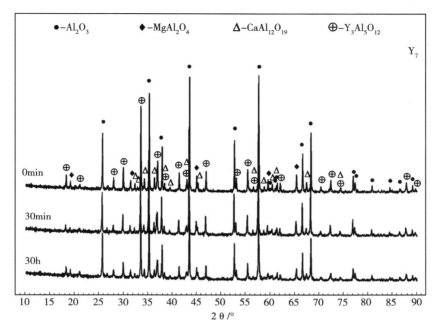

图 10 - 5　Y_7 腐蚀前后样品的 XRD 谱图

$CaAl_{12}O_{19}$ 个别衍射峰的强度略有减弱。为了研究 $Y_3Al_5O_{12}$ 和 $CaAl_{12}O_{19}$ 的耐酸性能，按化学计量比配料经烧结后制备样品 D 和 E，对其进行 XRD 测试，结果如图 10 - 6 所示。

样品 D、E 的衍射峰分别与 $Y_3Al_5O_{12}$ 和 $CaAl_{12}O_{19}$ 的 PDF 卡片匹配良好，没有出现杂峰。证明已成功合成 $Y_3Al_5O_{12}$ 和 $CaAl_{12}O_{19}$。测试合成样品 E - $Y_3Al_5O_{12}$ 和 D - $CaAl_{12}O_{19}$ 的酸溶解度，见图 10 - 7。

$Y_3Al_5O_{12}$ 和 $CaAl_{12}O_{19}$ 在 65℃ 的 HCl/HF 混合酸液中腐蚀 1h 的酸溶解度分别是 0.05% 和 0.2%，远低于 $CaAl_2Si_2O_8$（21.1%）和 $Ca_2Al_2SiO_7$（9.6%）的酸溶解度。结合图 10 - 3 中的酸溶解度曲线，可以断定陶瓷中物相种类的改变是导致耐酸性能改善的主要原因之一。添加适量 Y_2O_3 抑制了陶瓷中耐酸性能差的物相 $CaAl_2Si_2O_8$ 和 $Ca_2Al_2SiO_7$ 的生成，促进耐酸性能好的物相 $Y_3Al_5O_{12}$ 和 $CaAl_{12}O_{19}$ 生成，拥有良好耐酸性能的物相可减少酸腐蚀过程中材料的质量损失，从而降低酸溶解度。

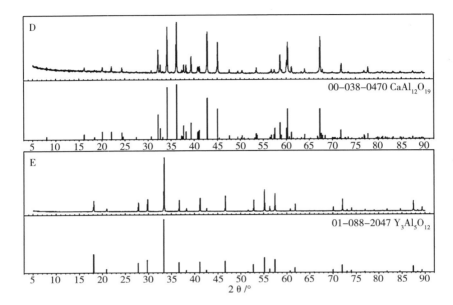

图 10-6 合成物的 XRD 谱图

注：D—$CaAl_{12}O_{19}$，E—$Y_3Al_5O_{12}$

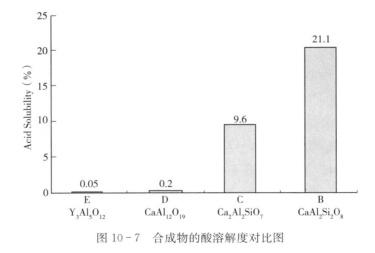

图 10-7 合成物的酸溶解度对比图

10.3.4 Y_2O_3对氧化铝陶瓷显微结构的影响

选取未添加稀土氧化物的样品 W_0、添加少量 Y_2O_3 的样品 Y_1、耐酸

性能最好的样品 Y_7 和添加过量 Y_2O_3 的样品 Y_{11} 腐蚀 30min 的断面进行扫描电镜测试，见图 10-8。

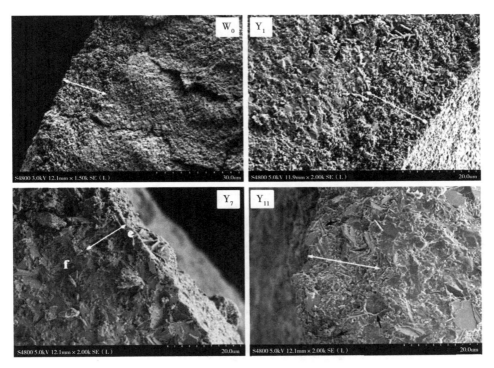

图 10-8　不同含量 Y_2O_3 腐蚀 30min 断面的扫描电镜图

腐蚀 30min 后，样品 W_0 腐蚀层厚度约 $20\mu m$，呈针孔状，表层结构被酸液破坏。添加少量 Y_2O_3 的样品 Y_1 腐蚀层厚度与 W_0 相近（约 $20\mu m$），酸液将玻璃相溶解后使腐蚀区域的晶粒形貌清晰可见。虽然添加少量 Y_2O_3 生成耐酸性能好的物相 $Y_3Al_5O_{12}$ 使得陶瓷的酸溶解度略有降低，但不耐酸的物质（$CaAl_2Si_2O_8$ 和 $Ca_2Al_2SiO_7$）被溶解后在陶瓷内部形成通道，酸液沿腐蚀的孔洞曲折深入（图中黑色箭头所示），使得 Y_1 的耐酸性能并没有得到显著改善。当 Y_2O_3 添加量达到 $7wt\%$ 时，样品 Y_7 腐蚀层厚度明显变窄，约 $10\mu m$。与样品 W_0 和 Y_1 相比，样品 Y_7 的显微结构更加致密，即使在腐蚀区域，陶瓷的结构仍然较致密，未遭到酸液严重破坏。这主要归因于样品 Y_7 存在的物相均具有良好的耐酸性能，能抵抗酸液的侵蚀。致密的结构和耐酸性能好的物相是样品 Y_7 酸溶解度低的主要原因。随着 Y_2O_3 添加量的增多，当达到 $11wt\%$ 时，样品 Y_{11} 虽然显微结构仍然较致密，但腐蚀层厚度明显增加，约 $22\mu m$。样品中存在大量片状晶，晶粒尺寸较大，约 $6\sim8\mu m$。在腐蚀层处有部分大尺寸片状晶整体脱落的痕迹（图中黑色箭头所示）。由物相分析已知，样品 Y_7 和 Y_{11} 的物相种类相同。但是，当 Y_2O_3 含量过多时，陶瓷中会生成大量的大尺寸片状晶，大量片状晶交错堆叠，一方面造成陶瓷的致密度略有降低（图 10-8），为酸液入侵提供通道；另一方面，当酸液将玻璃相溶解后造成大尺寸片状晶整体脱落，导致样品 Y_{11} 酸溶解度升高。

观察样品 W_0 和 Y_7 腐蚀 30min 的表面，见图 10-9 所示。

图 10-9　样品 W_0 和 Y_7 腐蚀 30min 表面扫描电镜图

酸液对未添加稀土氧化物样品 W_0 的腐蚀很严重，不仅溶解掉了耐酸性能较差的物质造成表面疏松多孔的结构，而且还破坏了氧化铝晶粒的晶体形貌，使得晶粒边角圆润，并在晶粒表面留下明显的腐蚀痕迹。然而，腐蚀后的样品 Y_7 表面结构致密，晶体形貌保持良好。虽未观察到酸液对晶粒的腐蚀痕迹，但在晶粒表面出现很多白色绒毛状物质。通过 EDS 测试（图 10-10）得知白色物质主要是含 Y 和 Al 的氟化物。这些氟化物具有良好的化学稳定性，不溶于水和盐酸[159,160]。还有很微量的含 Ca 氟化物。腐蚀过程中，生成的氟化物附着在晶粒上将样品表面包裹起来，在一定程度上隔离了酸液与样品的接触，阻碍了腐蚀的进一步进行，提高了陶瓷的耐酸性能。

　　酸液对陶瓷的腐蚀从表面向内部逐渐深入扩散，因此造成表面和内部成分不同。通过对比表里成分的区别探索陶瓷耐腐蚀的原因。图 10-10 为样品 Y_7 腐蚀 30min 后断面（图 10-8）的能谱图，e 为腐蚀区域的能谱，f 为陶瓷内部未被腐蚀区域的能谱。

　　由于在 Y_7 表面有氟化物生成，所以除了 F 元素外，e 和 f 两区域的元素种类相同，但原子百分含量不同。与陶瓷内部未被腐蚀的区域 f 相比，腐蚀区域 e 的 Mg 和 Si 的原子百分含量略低，Ca 的原子百分含量没有变化，而 Y 的原子百分含量远高于 f 区域（近 2 倍）。表明含 Si 和 Mg 的物质较多地被酸液溶解流失；含 Ca 的物质受腐蚀酸液的影响不大；而含 Y 的物质，一方面物相本身耐酸性能较好，没有被酸液大量溶解，另一方面

Element	Weight%	Atomic%
O K	49.20	64.75
Al K	35.06	27.35
Mg K	1.04	0.90
Si K	1.24	0.93
Ca K	1.92	1.01
Y L	8.87	2.10
F K	2.67	2.96
Totals	100.00	

满量程63 972 cts 光标 0.000

Element	Weight%	Atomic%
O K	49.26	64.14
Al K	40.34	31.14
Mg K	1.45	1.24
Si K	1.61	1.19
Ca K	1.95	1.01
Y L	5.40	1.27
Totals	100.00	

满量程63 972 cts 光标 0.000

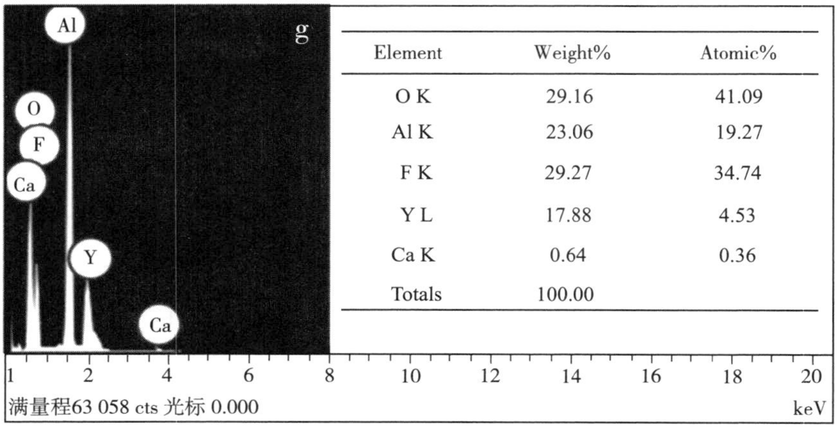

Element	Weight%	Atomic%
O K	29.16	41.09
Al K	23.06	19.27
F K	29.27	34.74
Y L	17.88	4.53
Ca K	0.64	0.36
Totals	100.00	

满量程63 058 cts 光标 0.000

图 10-10　样品 Y_7 的 EDS 能谱

部分含 Y 物质与酸液生成氟化物附着在晶粒表面，最终导致表层腐蚀区域的 Y 含量较高。值得注意的是，图 9-7 已显示出 W_0 腐蚀 30min 后腐蚀区域 Si 和 Ca 的原子百分含量分别是 0.09％和 0.08％，表明 W_0 中含 Si 和 Ca 的物质几乎被溶解完全。添加 Y_2O_3 后的样品 Y_7 的腐蚀区域 Si 和 Ca 的原子百分含量仍能高达 0.93％和 1.01％。由物相分析结果已知，Y_7 中 Ca 元素以耐酸性能优异的 $CaAl_{12}O_{19}$ 形式存在使得腐蚀区域 Ca 的原子百分含量没有大幅度降低；而 Y_7 中并未检测到含 Si 的晶相。由于非晶态的硅对氢氟酸的抵抗能力非常差，若 Si 都以非晶相的形式存在将对陶瓷的耐酸性能不利。那么 Si 是以什么形式存在以确保未被酸液溶解流失呢？Y_2O_3 的添加使得含硅化合物消失，而 Y_2O_3 在陶瓷中主要以 $Y_3Al_5O_{12}$ 形式存在，故推断应与 $Y_3Al_5O_{12}$ 相关。为此，设计了 $Y_3Al_5O_{12}$ 与氧化铝多晶高温反应的实验。

　　将合成的 $Y_3Al_5O_{12}$ 粉体涂抹在制备好的 Al_2O_3-CaO-MgO-SiO_2 体系多晶高铝陶瓷（配料与 W_0 相同，尺寸：5mm×5mm×2mm）上，在 1 550℃中烧结后进行 EDS 测试，结果如图 10-11 所示。

　　图中 A 区域为 $Y_3Al_5O_{12}$，晶粒细小；C 区域为多晶氧化铝陶瓷；B 区域为反应过渡区，晶粒尺寸较大，多呈片状。三个区域均有 Al 元素分布，只是在由 C 到 A 的方向上，Al^{3+} 含量逐渐减少。C 处 Al 元素主要以 Al_2

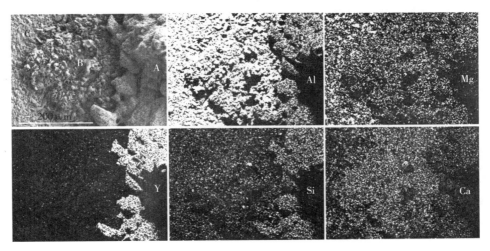

图 10 - 11　$Y_3Al_5O_{12}$ 与氧化铝多晶高温反应的元素分布图

O_3 的形式存在。由于 A 区域是 $Y_3Al_5O_{12}$，所以 Y 元素主要分布在此，然而烧结过程中通过离子扩散使得 B、C 区域中也存在少量 Y^{3+}。元素 Ca、Mg、Si 在 A、B、C 处虽均有分布，但分布的程度不同。Mg 在多晶氧化铝陶瓷 C 区域存在大量富集，结合 W_0 的物相分析，可断定 Mg 元素主要以 $MgAl_2O_4$ 的形式存在于氧化铝陶瓷中。W_0 中的 Ca 主要以 $CaAl_2Si_2O_8$ 和 $Ca_2Al_2SiO_7$ 形式存在，但图 10 - 11 中显示 Ca 元素并非主要分布在 C 处氧化铝陶瓷中，而是在高于底层的反应区域 B 处大量富集，且与此区域中 Al 元素的分布形状相同。由样品的 XRD 分析结果已知（图 10 - 4），添加 Y_2O_3 的样品中会出现 $CaAl_{12}O_{19}$ 物相，再结合 B 处片状晶的特征可断定过渡区域 B 中 Ca 元素主要以 $CaAl_{12}O_{19}$ 的形式存在。而且还证明了 Y^{3+} 的存在对 $CaAl_{12}O_{19}$ 的生成有促进作用。值得注意的是，多晶氧化铝陶瓷中的 Si 在烧结过程中通过扩散主要富集在 $Y_3Al_5O_{12}$ 区域，且 Si 元素的分布形状与 Y 元素一致，表明 Si 的存在形式与铝酸钇密切相关。然而在物相分析中，并未检测出同时含有 Si 和 Y 的化合物，故我们推测 Si 应该固溶进了铝酸钇中。为了证实此推测，设计了氧化硅与铝酸钇的固溶实验。

10.3.5　SiO_2 与 $Y_3Al_5O_{12}$ 的固溶实验

由于 Si 的离子半径较小（0.04nm），与 Al 离子半径相近（0.05nm）。

在 $Y_3Al_5O_{12}$ 晶体结构中，阳离子有三个位置：Y、Al（oct）和 Al（tet），Si 替代三者所需要的能量分别是 7.23eV、4.15eV、3.27eV，所以多数文献认为 Si 固溶进 $Y_3Al_5O_{12}$ 时优先替代四面体中的 $Al^{[163-35]}$。用 3mol%、6mol% 和 10mol% 的 Si 替代 $Y_3Al_5O_{12}$ 中 Al 制备样品 E_x：$(Si_a，Al_{5-a})Y_bO_{12}$，见表 10-2。

表 10-2   样品 E_x 的化学计量数

样品名称	a	b
E_{3Al}	0.15	2.95
E_{6Al}	0.30	2.90
E_{10Al}	0.50	2.83

对合成的样品 E_x 进行 X 射线粉末衍射测试，通过对比衍射峰的偏移和晶胞参数的变化判断是否生成了固溶体，结果见图 10-12。

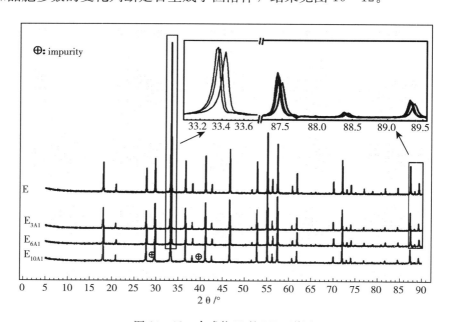

图 10-12   合成物 E_x 的 XRD 谱图

样品 E_{3Al} 和 E_{6Al} 的衍射峰与纯 $Y_3Al_5O_{12}$（样品 E）的衍射峰匹配良好，没有出现杂峰。但是，当 Si 的含量达到 10mol% 时，样品 E_{10Al} 出现了少量杂峰，表明 E_{10Al} 没有合成纯物质。对样品 E、E_{3Al} 和 E_{6Al} 的 $2\theta=$
$33.1°\sim33.8°$ 和 $87°\sim89.6°$ 两个范围进行 XRD 慢扫描，用于计算晶胞参
数。在慢扫描的 XRD 图谱中，E_x 的衍射峰与 E 相比发生了不同程度的偏
移。由于 Si^{4+} 的半径小于 Al^{3+}，当 Si 替代 $Y_3Al_5O_{12}$ 中 Al 时会使晶体中
的晶面间距 d 减小，根据布拉格方程 $2dsin\theta=\lambda$ 可推出衍射峰的衍射角 θ
变大，从而导致衍射峰右移。使用 Jade 软件计算 E 和 E_x 的晶胞参数，由
于 $Y_3Al_5O_{12}$ 属立方晶系，故晶胞参数 a、b、c 相等，结果见表 10-3。

表 10-3　样品 E 和 E_x 的晶胞参数

样品名称	化学计量式	晶胞参数 a＝b＝c
E	$Y_3Al_5O_{12}$	12.002 96
E_{3Al}	$Y_{2.95}(Si_{0.15}，Al_{4.85})O_{12}$	11.998 48
E_{6Al}	$Y_{2.9}(Si_{0.3}，Al_{4.7})O_{12}$	11.986 50

样品 E_{3Al} 和 E_{6Al} 的晶胞参数小于 E，且随着替代量的增加，晶胞参数
逐渐减小。结果证明氧化硅与铝酸钇可形成固溶体，固溶极限小于
10mol％。测试合成物 E_{3Al} 和 E_{6Al} 在 12/3 的 HCl/HF 混合酸液中腐蚀 1h
的酸溶解度（图 10-13）。

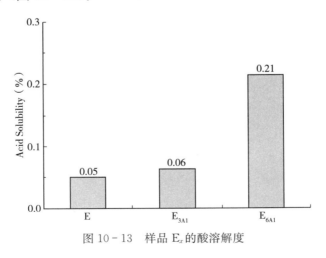

图 10-13　样品 E_x 的酸溶解度

实验结果显示，Si 替代 Al 的样品耐酸性能变差，且随着 Si 含量的增
加，固溶体的酸溶解度升高。虽然含 Si 固溶体的酸溶解均高于 $Y_3Al_5O_{12}$，

但远低于样品 W_0 中的含硅化合物——$CaAl_2Si_2O_8$ 和 $Ca_2Al_2SiO_7$。不同含硅固溶体耐酸性能的排序如下：$Y_3Al_5O_{12}>Y_{2.95}(Si_{0.15}, Al_{4.85})O_{12}>Y_{2.9}(Si_{0.3}, Al_{4.7})O_{12}$。

10.4　讨论

材料的组成与结构对性能有决定性作用。通过研究 Y_2O_3 对氧化铝陶瓷耐酸性能的影响发现：添加 Y_2O_3 可以提高氧化铝陶瓷的耐酸性能，酸溶解度约是未添加稀土氧化物样品的 1/3。主要原因：一方面在于 Y_2O_3 可以提高氧化铝陶瓷的致密度，改善显微结构；另一方面更重要的是对陶瓷物相组成的改变。未添加稀土氧化物的样品 W_0 中主要物相包括 Al_2O_3、$MgAl_2O_4$、$CaAl_2Si_2O_8$ 和 $Ca_2Al_2SiO_7$，而 $CaAl_2Si_2O_8$ 和 $Ca_2Al_2SiO_7$ 在 HCl-HF 混合酸液中的溶解度偏高是导致 W_0 耐酸性能较差的主要原因之一。当在原料中添加 Y_2O_3 含量 $\geqslant 7wt\%$ 时，陶瓷中的主要物相除了 Al_2O_3 和 $MgAl_2O_4$ 之外，出现了两个新物相—$Y_3Al_5O_{12}$ 和 $CaAl_{12}O_{19}$。

烧结过程中，Y_2O_3 不仅能与 Al_2O_3 反应生成 $Y_3Al_5O_{12}$，由多晶实验还证实了能促进 $CaAl_{12}O_{19}$ 的生成。$Y_3Al_5O_{12}$ 和 $CaAl_{12}O_{19}$ 在 12/3 的 HCl/HF 混合酸液中腐蚀 1h 的酸溶解度仅有 0.05％和 0.2％。在 Y_2O_3 含量大于 7wt％的样品中均未检测出含硅的晶相，对腐蚀后样品表面能谱测试发现 Si 的含量仍然较高。因非晶态硅对 HF 的抵抗能力非常弱，故可断定含 Y_2O_3 样品中大量 Si 并非以玻璃相的形式存在。多晶实验的元素分布图显示 Si 与 Y 的分布一致，而陶瓷中 Y 主要以 $Y_3Al_5O_{12}$ 的形式存在。经研究发现 Si 可以替代 Al 与 $Y_3Al_5O_{12}$ 生成固溶体，固溶极限小于 10mol％，且随着替代量的增加，固溶体 E_x 的耐酸性能会降低。但即便如此，与 W_0 中含硅晶相 $CaAl_2Si_2O_8$ 和 $Ca_2Al_2SiO_7$ 相比，含硅固溶体 E_x 的耐酸性能仍然较好。

虽然硅质成分可降低陶瓷的烧成温度，提高基体强度，但它也是晶界玻璃相的主要成分，而晶界往往是材料耐酸性能最薄弱的部位。$Y_3Al_5O_{12}$ 通过固溶 Si，减少了陶瓷中玻璃相的含量，改变了晶界的化学成分、存在相态、晶界厚度等，以此改善了材料的耐酸性能，为利用晶界工程调控材料耐酸性能提出了方向性指导，也为提高含硅体系氧化铝陶瓷耐酸性能找到了出路。另外，Y_2O_3 不仅使陶瓷在烧结过程中生成耐酸性能较好的物相，在酸液腐蚀过程中也起到了非常重要的作用。对耐酸性能最好的样品 Y_7 腐蚀表面检测发现，晶体表面被大量白色绒毛状含 Y 的氟化物包覆，这在一定程度上隔离了酸液与样品的接触，阻碍了腐蚀的进一步进行。

10.5　本章小结

添加适量 Y_2O_3 的氧化铝陶瓷耐酸性能提高的主要原因在于：Y_2O_3 的添加改变了氧化铝陶瓷的物相种类。一方面抑制了耐酸性能较差的物相 $CaAl_2Si_2O_8$ 和 $Ca_2Al_2SiO_7$ 的生成，使陶瓷中生成耐酸性能较好的 $Y_3Al_5O_{12}$ 和 $CaAl_{12}O_{19}$；另一方面，$Y_3Al_5O_{12}$ 可以固溶原料中的 SiO_2，进而减少陶瓷中非晶态硅的含量。而且在腐蚀过程中，部分含 Y 的物质与酸液发生反应，在晶粒表面生成大量化学性质稳定的含 Y 氟化物，将样品与腐蚀液有效隔离。此外，致密的结构减少了酸液与样品的接触面积。这些因素共同作用，最终改善了陶瓷的耐酸性能。

研究还发现，Si 替代 Al 生成铝硅酸稀土的结晶学现象，固溶体的固溶极限不超过 $10mol\%$。实验成功合成新化合物——$Y_{2.95}$（$Si_{0.15}$，$Al_{4.85}$）O_{12} 和 $Y_{2.9}$（$Si_{0.3}$，$Al_{4.7}$）O_{12}，新化合物的耐酸性能良好。稀土铝酸盐能固溶硅离子的这一发现为提高含硅体系压裂支撑剂耐酸性能找到了出路。

第11章　氧化镧对高铝陶瓷耐酸性能的影响

11.1　前言

根据国际理论与应用化学联合会（IUPAC）对稀土的定义：稀土元素是指门捷列夫周期表中ⅢB族，第四周期原子序数21的钪（Sc）、第五周期原子序数39的钇（Y）和位于周期表第六周期57号位置上原子序数从57的镧（La）至71的镥等17个元素。如图11－1所示。

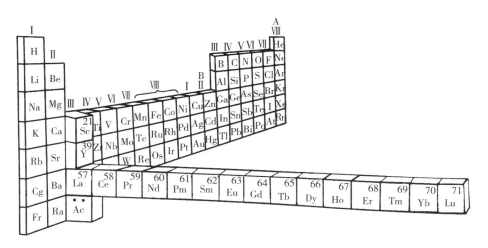

图11－1　稀土元素在周期表中的位置

从1794年首先分离出新"土"（氧化物）时起，一直到1972年从沥青铀矿中提取稀土最后一个元素Pm为止，从自然界中获取全部稀土经历了一个半世纪之久。根据稀土元素间物化性质和地球化学的某些差异及分离工艺的要求，通常把稀土元素分成轻、重稀土两组或轻、中、重稀土三组，分组情况见表11－1。

表 11 - 1　稀土元素分组

57	58	59	60	61	62	63	64	65	66	67	68	69	70	71	39
镧	铈	镨	钕	钷	钐	铕	钆	铽	镝	钬	铒	铥	镱	镥	钇
La	Ce	Pr	Nd	Pm	Sm	Eu	Gd	Tb	Dy	Ho	Er	Tm	Yb	Lu	Y
轻稀土（铈组）							重稀土（钇组）								
铈组（硫酸复盐难溶）					铽组（硫酸复盐微溶）					钇组（硫酸复盐易溶）					
轻稀土（弱酸萃取）					中稀土（低酸度萃取）					重稀土（中酸度萃取）					

稀土元素在自然界中广泛存在，虽然矿物中稀土含量比不高，但在地壳中储藏量约占地壳的 0.016%，约 153g/t。它们的丰度和很多元素一样多。我国稀土资源非常丰富，品种齐全，具有重要工业意义的矿物均有发现。

在稀土元素中，钇和镧元素在化学性质上极为相似，有共同的特征氧化态。科研工作者关于氧化镧对陶瓷性能的影响开展了大量的研究。严茂伟[192]等人研究了不同添加量的 La_2O_3 对多孔陶瓷烧结温度、显气孔率、体积密度、抗压强度和微观形貌的影响。研究结果显示，适量添加氧化镧可以降低陶瓷的烧结温度，显气孔率达到 82%，抗压强度超过 10 MPa。殷剑龙[193]等人研究了 MgO - La_2O_3 烧结助剂对氧化铝陶瓷显微结构的影响，发现 MgO - La_2O_3 复合烧结助剂可以降低烧结温度，通过生成第二相物质，阻碍晶界迁移，减小晶粒尺寸，提高坯体致密度。毛征宇[194]研究发现，添加氧化镧可以促进陶瓷的烧结，提高烧结体的致密度和力学性能，陶瓷的抗弯强度、硬度和断裂韧性分别提高了 200%、100%、50%，这主要归因于氧化镧的活化烧结、晶粒细化和弥散强化作用。La_2O_3 对陶瓷增韧机制主要是裂纹尖端的晶粒桥联和断裂过程中的晶粒拔出。邓毅超研究发现，Eu_2O_3 和 La_2O_3 可以促进 Al_2O_3 晶体的择优生长，使晶粒由等轴晶向柱状晶变化。晶粒延长表明晶界的偏析是不一致的。柱状晶类似于晶须或纤维，可以通过纤维拔出、纤维桥接、裂纹偏转及纤维止裂等消耗能量的形式起到自增韧补强的作用[53]。然而，关于氧化镧对陶瓷耐腐蚀性能影响的研究很少。

本章主要介绍 Al_2O_3 - CaO - MgO - SiO_2 - La_2O_3 体系氧化铝陶瓷，研究 La_2O_3 的添加量对陶瓷烧结温度、密度、酸溶解度、物相组成、显微结构的影响规律。

11.2　实验部分

以工业氧化铝为主要原料，在 Al_2O_3 - CaO - MgO - SiO_2 - La_2O_3 体系中添加不同含量的 La_2O_3，根据传统的陶瓷生产工艺完成样品 W_0、L_1、L_3、L_5 的制备。各样品化学组成如表 11 - 2 所示。其中，烧结助剂为 CaO - MgO - SiO_2 的复合添加剂。首先，按照配料比称取原料放入球磨罐中，采用湿法球磨 24h。倒出浆料，在 105℃ 的干燥箱中烘干后研磨成粉，经滚动成型制成直径为 0.8～1mm 的生坯。随后将生坯放入箱式电阻炉中，分别在 1 330～1 470℃ 下烧结，烧结制度为升温速度 5℃/min，保温时间 1h，当炉子温度降至室温后取出试样。制备好的压裂支撑剂再进行后续的性能测试和结构表征。

表 11 - 2　添加 La_2O_3 高铝陶瓷的化学成分（wt%）

样品名称	Al_2O_3	La_2O_3	烧结助剂
W_0	90	0	10
L_1	89	1	10
L_3	87	3	10
L_5	85	5	10

11.3　实验结果分析

11.3.1　La_2O_3 含量对氧化铝陶瓷的烧结温度的影响

La_2O_3 含量对氧化铝陶瓷初始烧成温度的影响结果见图 11 - 2。随着 La_2O_3 含量的增加，样品的烧结温度大幅度提高。添加 1wt% La_2O_3 对陶瓷的初始烧成温度提高的幅度较小，仅 20℃；添加量达到 3wt% 时，样品

L_3 的初始烧成温度开始明显升高，提高了 90℃；继续增加 La_2O_3 的添加量，样品 L_5 的初始烧成温升高至 1 470℃，比 W_0 提高了 140℃。结果表明：添加 La_2O_3 会大幅度提高氧化铝陶瓷的烧成温度。

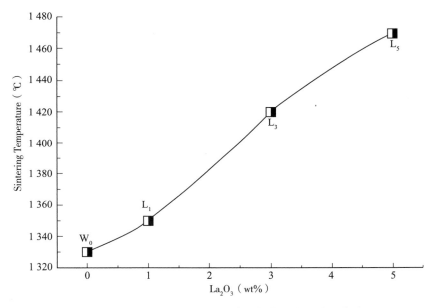

图 11 - 2　La_2O_3 含量与氧化铝陶瓷烧结温度的关系曲线

Al_2O_3 - La_2O_3 相图（图 11 - 3）显示，La_2O_3 的熔点约为 2 310℃，高于 Al_2O_3 的熔点（2 054℃），近 Al_2O_3 区域没有低共熔点，且出现液相的温度高达 1 928℃。当陶瓷中加入高熔点化合物且与氧化铝在配料点没有低共熔混合物生成或出现液相温度较高时，陶瓷的烧成温度会提高。虽然相图中并未显示出氧化镧与氧化铝能形成固溶体，但 Fang Jianxi[176] 曾报道过镧在氧化铝中的溶解极限小于 $80×10^{-6}$，可是如此小的固溶量使得固溶助烧机制与拥有较大半径的稀土离子阻碍其他离子扩散的机制相比效果甚微。因此，加入高熔点的 La_2O_3 导致陶瓷的烧成温度升高。

11.3.2　La_2O_3 含量影响氧化铝陶瓷的密度

测试四组样品的视密度，实验结果如图 11 - 4 所示。随着 La_2O_3 含量的增加，样品的视密度呈增大趋势。添加 1wt％ 的 La_2O_3 时，样品 L_1 的视

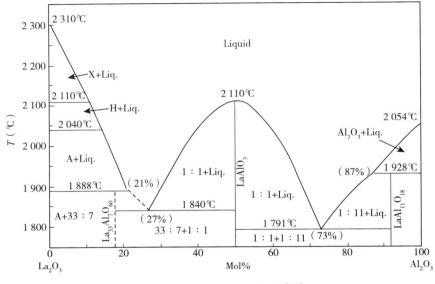

图 11-3　Al_2O_3-La_2O_3 相图[195]

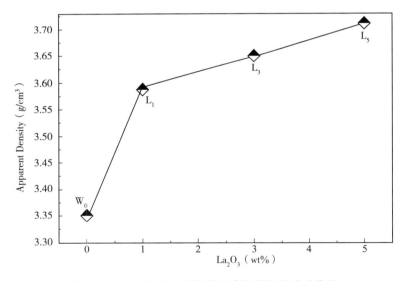

图 11-4　La_2O_3 含量与氧化铝陶瓷密度的关系曲线

密度提高到 $3.59g/cm^3$，提高幅度很大；继续增加 La_2O_3 含量，样品 L_3 和 L_5 的视密度分别是 $3.65g/cm^3$ 和 $3.71g/cm^3$。实验结果表明，添加氧化镧会提高氧化铝陶瓷的视密度。

11.3.3 La₂O₃含量和腐蚀时间对氧化铝陶瓷酸溶解度的影响

测试四组样品腐蚀 30min 和 30h 的酸溶解度，实验结果如图 11 - 5 所示。

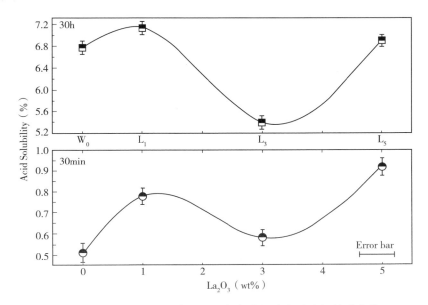

图 11 - 5 La₂O₃含量和腐蚀时间与氧化铝陶瓷酸溶解关系曲线

对样品腐蚀 30min 时，虽然添加 La_2O_3 的样品酸溶解度均高于 W_0，但随着 La_2O_3 含量的增加，样品的酸溶解度仍会出现一个最低值。样品 W_0 酸溶解度为 0.51%；样品 L_1 酸溶解度为 0.78%，比 W_0 升高了约 53%；而当 La_2O_3 含量达到 3wt% 时，样品 L_3 的酸溶解度低于 L_1，降至 0.58%，耐酸性能与 W_0 相近；当继续增加 La_2O_3 含量时，样品 L_5 的酸溶解度再次升高至 0.92%。延长腐蚀时间至 30h 后，样品的酸溶解度曲线发生了变化。W_0 的酸溶解度为 6.77%；L_1 的酸溶解度仍然高于 W_0，为 7.13%；而 L_3 的酸溶解度是四组样品中最低的，仅为 5.41%；L_5 的酸溶解度为 6.90%，耐酸性能与 W_0 相近。实验结果表明，短时间腐蚀时，添加 La_2O_3 对陶瓷的耐酸性能不利；长时间腐蚀时，适量添加 La_2O_3 可提高氧化铝陶瓷的耐酸性能。

11.3.4 La$_2$O$_3$对氧化铝陶瓷物相组成的改变

将腐蚀前的四组样品进行 X 射线粉末衍射测试，分析 La$_2$O$_3$对氧化铝陶瓷物相组成的影响，实验结果见图 11-6。

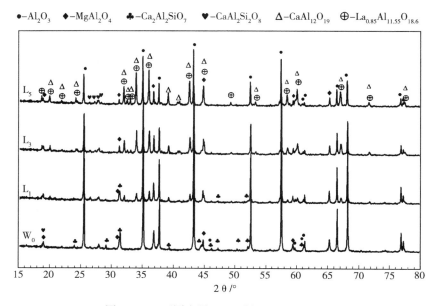

图 11-6 不同含量 La$_2$O$_3$样品的 XRD 图谱

四组样品中均包括 Al$_2$O$_3$、MgAl$_2$O$_4$ 和 CaAl$_2$Si$_2$O$_8$。不同点在于：W$_0$中还包括物相 Ca$_2$Al$_2$SiO$_7$；L$_1$仍含有 Ca$_2$Al$_2$SiO$_7$，只是 Ca$_2$Al$_2$SiO$_7$衍射峰的数量减少、相对强度减弱，且开始出现 CaAl$_{12}$O$_{19}$ 的特征峰；L$_3$和L$_5$不仅含有 CaAl$_{12}$O$_{19}$，还生成了 La$_{0.85}$Al$_{11.55}$O$_{18.6}$，而不再含有物相 Ca$_2$Al$_2$SiO$_7$。由于 L$_3$的耐酸性能随腐蚀时间的变化很明显，所以对 L$_3$腐蚀前后的样品进行 XDR 测试，结果见图 11-7。L$_3$腐蚀前后的样品中均包含 Al$_2$O$_3$、MgAl$_2$O$_4$、CaAl$_{12}$O$_{19}$ 和 La$_{0.85}$Al$_{11.55}$O$_{18.6}$，腐蚀前的 L$_3$中还含有物相 CaAl$_2$Si$_2$O$_8$，但随着腐蚀时间的延长，CaAl$_2$Si$_2$O$_8$衍射峰的强度逐渐减弱至完全消失。由于 CaAl$_2$Si$_2$O$_8$的耐酸性能很差，在 65℃ 的 HCl/HF 混合酸液中腐蚀 1h 的酸溶解度为 21.1%，而 CaAl$_{12}$O$_{19}$的酸溶解度仅

为 0.2%。所以，样品中 $CaAl_2Si_2O_8$ 的大量溶解消失是样品 L_3 腐蚀后质量损失的主要原因。腐蚀前后的 XRD 谱图对比还发现 $La_{0.85}Al_{11.55}O_{18.6}$ 的衍射峰几乎没有变化，可以断定 $La_{0.85}Al_{11.55}O_{18.6}$ 具有良好的耐酸性能。

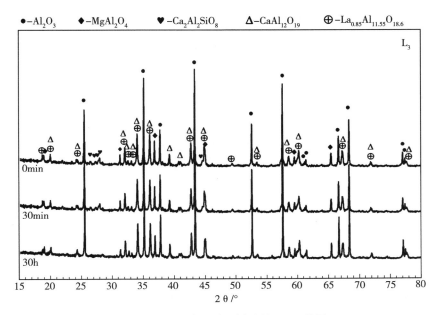

图 11-7　L_3 腐蚀前后样品的 XRD 谱图

为了研究 $La_{0.85}Al_{11.55}O_{18.6}$ 的酸溶解度，按化学计量比配料经烧结后制备样品 G，对其进行 XRD 测试，结果如图 11-8 所示。

样品 G 的衍射峰与 $La_{0.85}Al_{11.55}O_{18.6}$ 的 PDF 卡片匹配良好，没有出现杂峰，证明已成功合成 $La_{0.85}Al_{11.55}O_{18.6}$。测试合成样品 $G-La_{0.85}Al_{11.55}O_{18.6}$ 在 65℃的 HCl/HF 混合酸液中腐蚀 1h 的酸溶解度仅有 0.03%，证实了 $La_{0.85}Al_{11.55}O_{18.6}$ 抵抗 HCl/HF 混合酸液腐蚀的能力很强。

通过分析样品的物相组成及腐蚀前后的变化情况发现，未添加稀土氧化物的样品 W_0 中含硅晶相以 $CaAl_2Si_2O_8$ 和 $Ca_2Al_2SiO_7$ 的形式存在，而添加氧化镧后导致陶瓷中更倾向于生成 $CaAl_2Si_2O_8$。由于 $CaAl_2Si_2O_8$（21.1%）的耐酸性能比 $Ca_2Al_2SiO_7$（9.6%）差，所以在短时间腐蚀过程中大量的 $CaAl_2Si_2O_8$ 被溶解掉是含氧化镧样品的酸溶解度高于 W_0 的主要原因。随着腐蚀时间的延长，$CaAl_2Si_2O_8$ 早已被腐蚀殆尽，而样品 L_3 中

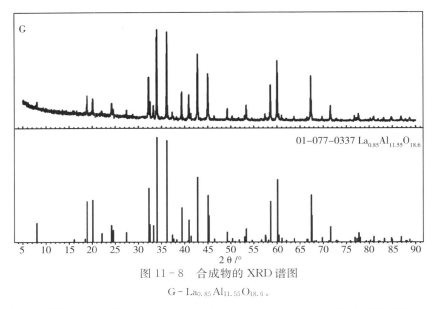

图 11-8　合成物的 XRD 谱图

G - $La_{0.85}Al_{11.55}O_{18.6}$。

余下的与 W_0 不同的物相 $CaAl_{12}O_{19}$ 和 $La_{0.85}Al_{11.55}O_{18.6}$ 抵抗酸液腐蚀的能力很强，使得 L_3 在腐蚀 30h 后的酸溶解度比 W_0 的低。

11.3.5　La_2O_3 与多晶氧化铝陶瓷高温反应实验

与氧化钇对陶瓷物相组成的影响不同，无论氧化镧含量是多少，样品中始终存在 $CaAl_2Si_2O_8$。为了探究氧化镧促进钙长石生成的原因，我们设计了 La_2O_3 与多晶氧化铝陶瓷的高温反应实验。将 La_2O_3 粉体涂抹在制备好的 Al_2O_3 - CaO - MgO - SiO_2 体系多晶高铝陶瓷上（多晶高铝陶瓷的配料与 W_0 相同，尺寸：5mm×5mm×2mm），在 1 550℃中烧结后进行 EDS 测试，见图 11-9。

扫描电镜图中 A 为涂抹 La_2O_3 的区域，此区域全部被片状晶覆盖，分界处片状晶的尺寸较大，La 大部分分布在 A 区域，由于烧结过程中的离子扩散使得 B 处也存在 La。对比 Al、Mg、Si、Ca 和 La 的元素分布图发现，Al 和 Mg 主要分布在 B 区域的多晶氧化铝陶瓷中。而 Si 和 Ca 在 B 处虽然有富集，但更多的是和 La 一起分布在 A 处，而且 Si 在 A 区域的富集量更多。La 能够引起 Si 和 Ca 的共同富集且对 Si 的富集效果更甚，

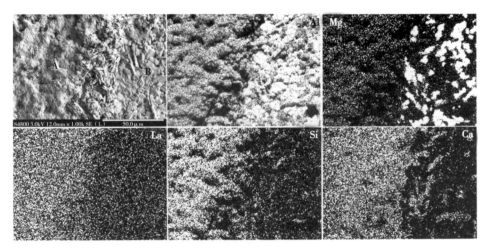

图 11 - 9　La_2O_3 与氧化铝多晶高温烧结后的元素分布图

但在陶瓷的物相分析中又未检测出同时含有 La、Si 和 Ca 的晶相，由此我们推断陶瓷中氧化镧不仅与氧化铝反应生成铝酸镧，还与 $CaAl_2Si_2O_8$ 形成固溶体促进其生成。为了证实这一推测，我们设计了 La_2O_3 与 $CaAl_2Si_2O_8$ 的固溶实验，并测试了固溶体的酸溶解度。

11.3.6　La_2O_3 与 $CaAl_2Si_2O_8$ 的固溶实验

由于 $r_{Ca^{2+}}=0.099nm$，$r_{La^{3+}}=0.106nm$，二者离子半径大小相近，推测 La 可能占据 Ca 的位置进入 $CaAl_2Si_2O_8$ 晶格。为了证实我们的推断，设计了以下实验：合成纯的 $CaAl_2Si_2O_8$，随后分别掺入 3mol％、5mol％ 和 10mol％的 La 替代 Ca 合成样品 B_x：$(Ca_{1-y}，La_y)Al_2Si_zO_8$，见表11 - 3。

表 11 - 3　样品 B_x 的化学计量数

样品名称	y	$1-y$	z
B_{3La}	0.03	0.97	1.992 5
B_{5La}	0.05	0.95	1.987 5
B_{10La}	0.10	0.90	1.975 0

对 B_x 进行 XRD 测试，对比各样品谱图衍射峰的偏移和晶胞参数的变

化来断定是否生成了固溶体，结果见图 11 - 10。样品 B_{3La}、B_{5La} 和 B_{10La} 的衍射峰与纯 $CaAl_2Si_2O_8$（样品 B）的衍射峰匹配良好，没有出现杂峰，表明三组样品均合成了纯物质。对样品 B、B_{3La}、B_{5La} 和 B_{10La} 的 $2\theta=26.9°\sim29.9°$ 和 $49°\sim52.5°$ 两个范围进行 XRD 慢扫描，用于计算晶胞参数。在慢扫描的 XRD 图谱中，B_x 的衍射峰与 B 相比发生了不同程度的偏移。随着镧取代量的增多，样品的衍射峰逐渐向右偏移。使用 Jade 软件计算 B 和 B_x 的晶胞参数，由于 $CaAl_2Si_2O_8$ 属三斜晶系，故晶胞参数 a、b、c 不等，计算结果见表 11 - 4。La 替代 Ca 的样品 B_x 晶胞参数小于 B，且随着取代量的增加，晶胞参数逐渐减小。实验结果证明，La 可以替代 Ca 与 $CaAl_2Si_2O_8$ 生成固溶体，从而促进氧化铝陶瓷中钙长石含量的增加。

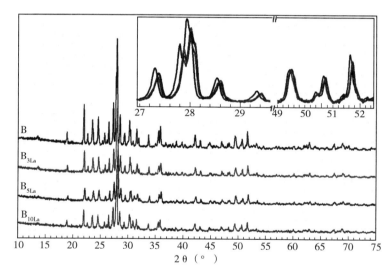

图 11 - 10　合成物 B_x 的 XRD 谱图

表 11 - 4　样品 B 和 B_x 的晶胞参数

样品名称	化学计量式	晶胞参数			晶胞体积 V
		a	b	c	
B	$CaAl_2Si_2O_8$	8.167 35	12.869 66	14.185 72	1 339.1
B_{3La}	$(Ca_{0.97}，La_{0.03})Al_2Si_{1.9925}O_8$	8.166 01	12.855 26	14.179 99	1 336.1
B_{5La}	$(Ca_{0.95}，La_{0.05})Al_2Si_{1.9875}O_8$	8.145 73	12.833 17	14.163 94	1 330.8
B_{10La}	$(Ca_{0.9}，La_{0.1})Al_2Si_{1.975}O_8$	8.144 66	12.800 34	14.123 68	1 325.5

测试合成物 B_x 在 12/3 的 HCl/HF 混合酸液中腐蚀 1h 的酸溶解度，实验结果见图 11-11。随着镧取代量的增加，固溶体 B_x 的酸溶解度逐渐降低，但与陶瓷中其他晶相相比，B_x 的酸溶解度仍然较高，耐酸性能较差。La 替代 Ca 的固溶体样品酸溶解度低于 $CaAl_2Si_2O_8$，随着 La 含量的增加，固溶体的耐酸性能提高。但总体而言，B 与 B_x 的酸溶解度均偏高。La 固溶量不同的固溶体耐酸性能的排序如下：$(Ca_{0.9}，La_{0.1})$ $Al_2Si_{1.975}O_8 > (Ca_{0.95}，La_{0.05}) Al_2Si_{1.9875}O_8 > (Ca_{0.97}，La_{0.03}) Al_2Si_{1.9925}O_8$ $> CaAl_2Si_2O_8$。

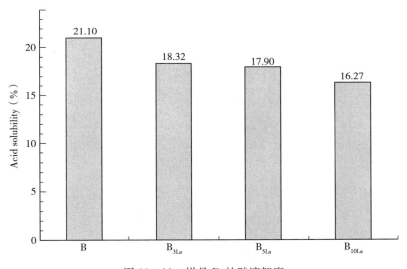

图 11-11　样品 B_x 的酸溶解度

11.3.7　La_2O_3 对氧化铝陶瓷显微结构的影响

不仅材料的物相组成对性能影响很大，显微结构的影响也不容忽视。L_3 在短时间腐蚀时表现出的耐酸性能较 W_0 差，通过 XRD 测试认为是陶瓷中 $CaAl_2Si_2O_8$ 等不耐酸物相被溶解造成的，观察样品 W_0 和 L_3 腐蚀 30min 断面的扫描电镜图（图 11-12），研究 La_2O_3 对氧化铝陶瓷显微结构的影响。

腐蚀 30min 后，样品 L_3 腐蚀层的厚度近 $33\mu m$，约是 W_0 的 2 倍，表明酸液侵入样品 L_3 的内部较深。对比二者腐蚀区域发现，W_0 表层结构遭到严重破坏呈疏松多孔状，酸液不仅溶解了晶界玻璃相，还溶解了大部分

图 11-12　样品 W_0 和 L_3 腐蚀 30min 的断面扫描电镜图

晶粒，造成晶体形状不完整；L_3 虽腐蚀层较厚，但此处晶粒尺寸较大且晶体形状完整，结构略显致密。由于 L_3 中存在大量片状晶，片状晶交错堆叠造成的孔洞成为酸液侵入陶瓷内部的通道，导致样品 L_3 在短时间腐蚀时腐蚀层厚度远大于 W_0。那么腐蚀 30h 后的样品 L_3 在显微结构上又会呈现怎样的优势，使得其耐酸性能优于其他 3 组样品呢？图 11-13 是四组样品腐蚀 30h 表面的扫描电镜图。

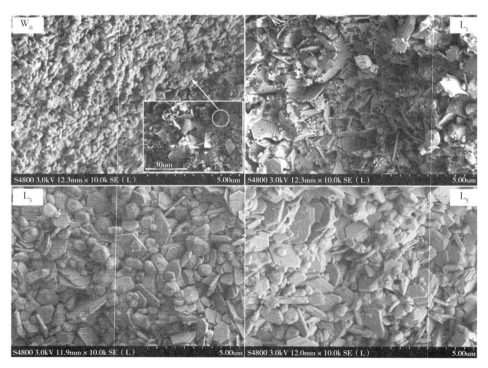

图 11-13　不同含量 La_2O_3 样品腐蚀 30h 表面扫描电镜图

腐蚀后的 W_0 晶粒边角圆润、已无完整晶体形貌，晶粒尺寸仅有 $0.5\mu m$ 左右。样品 L_1 的结构被酸液破坏得最严重，L_1 中生成大量薄片状晶体，薄片状晶体被酸液溶解后断裂，造成支撑陶瓷的骨架坍塌。样品 L_3 和 L_5 由片状和颗粒状晶粒组成，片状晶的厚度约有 $0.15\sim0.25\mu m$，远大于 L_1 中片状晶的厚度。长时间腐蚀后，L_3 和 L_5 仍能维持致密的结构，而且晶粒形貌完整，被酸液腐蚀的痕迹不明显。对比 L_3 和 L_5 发现，L_3 中片状晶粒约占 35%，片状晶堆叠排列造成的孔洞被颗粒状晶粒填充；L_5 中的片状晶约占了 65%，片状晶间交错生长造成的空隙没有足够的颗粒状晶粒填补，当酸液将填补间隙的玻璃相溶解掉后会导致陶瓷中存在大量孔洞，成为酸液侵入内部的通道。所以，晶粒形貌、尺寸大小和数量的相互匹配使得 L_3 的性能优于 L_5。

11.4　讨论

通过研究 La_2O_3 对氧化铝陶瓷耐酸性能的影响发现：添加氧化镧能提高氧化铝陶瓷的密度，但对耐酸性能的影响与腐蚀时间相关。短时间腐蚀时，La_2O_3 的添加不利于改善氧化铝陶瓷的耐酸性能；而长时间腐蚀时，适量添加氧化镧可提高氧化铝陶瓷的耐酸性能。

由于材料的腐蚀是由表及里的，所以短时间腐蚀主要集中在表面，而烧结助剂往往浓缩于表面[120]。当添加氧化镧后，Si 和 Ca 会追随着 La 的分布出现大量富集，使得二者更易于结合导致陶瓷表面 $CaAl_2Si_2O_8$ 物相增多。由固溶实验证实 La_2O_3 还可以与 $CaAl_2Si_2O_8$ 形成固溶体 B_x。通过酸溶解度测试发现，固溶体 B_x 在 $65℃$ 的 HCl/HF 混合酸液中腐蚀 1h 的酸溶解度低于 $CaAl_2Si_2O_8$，虽然固溶了 La 的钙长石酸溶解度略微降低，且随着 La 固溶量的增加，固溶体的耐酸性能逐渐提高，但总体而言它们的耐酸性能仍然较差。由于多组分材料的腐蚀通过最不耐腐蚀的途径进行，因此，那些最不耐蚀的成分首先被腐蚀[119]，是造成含氧化镧样品短时间腐蚀过程中质量损失较大的主要原因。另一原因在于添加氧化镧会改变晶粒的形貌，出现大量片状晶，片状晶交错生长造成的孔洞为酸液向陶瓷内部的侵入提供了便利的通道，导致腐蚀层厚度加深。然而，适量添加氧化镧还使得陶瓷中生成了 $CaAl_{12}O_{19}$ 和 $La_{0.85}Al_{11.55}O_{18.6}$，二者在 65℃ 的 HCl/HF 混合酸液中腐蚀 1h 的酸溶解度分别是 0.2% 和 0.03%，耐酸性能优异。随着腐蚀时间的延长，当表面不耐酸的物质早已被腐蚀殆尽后，样品 L_3 中余下与 W_0 不同的物相 $CaAl_{12}O_{19}$ 和 $La_{0.85}Al_{11.55}O_{18.6}$ 抵抗酸液腐蚀的能力很强，加之片状和颗粒状晶粒比例的相互匹配减少了酸液的入侵通道和与晶粒接触的面积，使得 L_3 耐酸性能变好。

11.5　本章小结

　　添加适量 La_2O_3 不仅会改变陶瓷的物相种类，对晶粒形貌的改变也非常大，由此使得含镧氧化铝陶瓷的耐酸性能与腐蚀时间相关。La_2O_3 的添加既有利于耐酸性能好的物相 $CaAl_{12}O_{19}$ 和 $La_{0.85}Al_{11.55}O_{18.6}$ 生成，也有助于耐酸性能差的物相 $CaAl_2Si_2O_8$ 生成。$CaAl_2Si_2O_8$ 等不耐酸物质的大量溶解和部分片状晶交错生长留下的空隙造成短时间腐蚀时含氧化镧的样品耐酸性能较 W_0 差。而 $CaAl_{12}O_{19}$ 和 $La_{0.85}Al_{11.55}O_{18.6}$ 的存在是长时间腐蚀时陶瓷耐酸性能改善的关键。而且，La 可以替代 Ca 与 $CaAl_2Si_2O_8$ 生成固溶体，固溶量超过了 10mol%，并且固溶体的耐酸性能略优于 $CaAl_2Si_2O_8$。此外，实验成功合成了新化合物 $(Ca_{0.9}，La_{0.1})Al_2Si_{1.975}O_8$、$(Ca_{0.95}，La_{0.05})Al_2Si_{1.9875}O_8$、$(Ca_{0.97}，La_{0.03})Al_2Si_{1.9925}O_8$。

参 考 文 献

［1］ 石油在 21 世纪的战略地位［OL］. 2019 - https：//www. wenmi. com/article/
    prjgrp007mzo. html.

［2］ 中国21世纪议程管理中心，北京师范大学. 全球格局下的中国油气资源安全［M］.
    北京：社会科学文献出版社，2012.

［3］ 刘书廷，刘永波，王明鹏. 论我国石油资源勘探开发的现状［J］. 科技传播，2010
    （22）：35.

［4］ 房广顺，刘明杰. 石油在 21 世纪的战略地位［J］. 党政干部学刊，2003（6）：45.

［5］ 中国石油天然气行业标准［S］. SY/T 5108 - 2014.

［6］ Queipo N V，Verde A J，Canelón J，Pintos S. Efficient global optimization for
    hydraulic fracturing treatment design［J］. Journal of Petroleum Science & Engineering，
    2002，35（35）：151 - 166.

［7］ Ouyang S，Carey G，Yew C. An adaptive finite element scheme for hydraulic fracturing
    with proppant transport［J］. Int J Numer Methods Fluids，1997，24（7）：645 - 670.

［8］ Hammond P. Settling and slumping in a Newtonian slurry，and implications for
    proppant placement during hydraulic fracturing of gas wells［J］. Chem Eng Sci，
    1995，50（20）：3247 - 3260.

［9］ Watson D R，Benton，Carithers V G，Rock L，McDaniel L T，Benton.
    Aluminosilicate ceramic proppant for gas and oil well fracturing and method of forming
    same：US4555493［P］. 1985.

［10］ 李强. 油田压裂增产改造工艺技术研究［J］. 当代化工研究，2022（1）：150 - 152.

［11］ Tan Y，Pan Z，Liu J，Wu Y，Haque A，D. Connell L. Experimental study of
    permeability and its anisotropy for shale fracture supported with proppant［J］.
    Journal of Natural Gas Science & Engineering，2017，44（2）50 - 64.

［12］ 朱文，朱华银. 支撑剂裂缝渗透率差异及其优质问题对压裂后经济净现值的影响
    ［J］. 石油钻采工艺，1996，18（4）：85 - 89.

［13］ 俞绍诚. 陶粒支撑剂和兰州压裂砂长期裂缝导流能力的评价［J］. 石油钻采工艺，
    1987（5）：93 - 99.

[14] 冷悦山，余黎明．石油压裂支撑剂材料开发应用前景分析［J］．新材料产业，2018（8）：46－49．

[15] 李小刚，廖梓佳，杨兆中，等．压裂用支撑剂应用现状和研究进展［J］．硅酸盐通报，2018，37（6）：1920－1923．

[16] 车阳．裂缝内支撑剂破碎特征实验研究［D］．北京：中国石油大学，2020．

[17] 牟绍艳，姜勇．压裂用支撑剂的现状与展望［J］．北京科技大学学报，2016，38（12）：1659－1666．

[18] 刘芳，吕世生．压裂支撑剂的选择和防砂［J］．国外油田工程，1996，12（2）：19－21．

[19] 刘让杰，张建涛，银本才，等．水力压裂支撑剂现状及展望［J］．钻采工艺，2003，26（4）：31－34．

[20] M. T. Richardson，M. F. Richardson. 压裂过程中支撑剂的应用效果［J］．国外油田工程，1999，15（9）：22－23．

[21] 温庆志，王强．影响支撑剂长期导流能力的因素分析与探讨［J］．内蒙古石油化工，2003，29（2）：101－104．

[22] 欧阳武光，李远才，万鹏．附加物对覆膜砂高温性能的影响规律［J］．西部皮革，2016，380（2）：1．

[23] 左涟漪，马久岩．新型树脂涂层支撑剂［J］．石油钻采工艺，1994（3）：77－83，109．

[24] 徐永驰．低密度支撑剂的研制及性能评价［D］．成都：西南石油大学，2016．

[25] Greff K，Greenbauer S，Huebinger K，Goldfaden B. The Long－Term Economic Value of Curable Resin－Coated Proppant Tail－in to Prevent Flowback and Reduce Workover Cost［C］．Unconventional Resources Technology Conference，2014．

[26] 宋攀，许莹，赵国立，等．石油压裂支撑剂的研究进展［J］．石油石化绿色低碳，2021，6（1）：37－44．

[27] 崔任渠．石油压裂用支撑剂的研究［D］．武汉：武汉科技大学，2013．

[28] 光新军，王敏生，韩福伟，等．压裂支撑剂新进展与发展方向［J］．钻井液与完井液，2019，36（5）：529－533，541．

[29] 贾旭楠．支撑剂的研究现状及展望［J］．石油化工应用，2017，36（9）：1－6．

[30] 杨秀夫，刘希圣，陈勉，等．国内外水力压裂技术现状及发展趋势［J］．钻采工艺，1998（4）：21－25．

[31] 国内外陶粒砂生产技术现状［OL］．http：//www. taolishashebei. cn/zhishi/20140719176. html．

[32] Lunghofer E P，Mortensen S，Ward A P. Process for the production of sintered

bauxite spheres：US，US4440866A［P］．1984.

［33］ Lunghofer E P. Hydraulic fracturing propping agent：US，US5120455［P］．1992.

［34］ Lunghofer E P. Hydraulic fracturing propping agent：US，US4522731［P］．1985.

［35］ Fitzgibbon J J. Sintered spherical pellets containing clay as a major component useful for gas and oil well proppants：US，US4879181［P］．1989.

［36］ Fitzgibbon J J. Sintered Spherical Pellets Containing Clay as A Major Component Useful For Gas and Oil Well Proppants：US，US4427068［P］．1982.

［37］ Duenckel R，Edmunds M. Sintered spherical pellets：US，US7825053［P］．2010.

［38］ Duenckel R，Edmunds M，Canova S，Eldred B，Wilson B A. Sintered spherical pellets：US，US20060081［P］．2006.

［39］ Cannan C D，Palamara T C. Low density proppant：US，US7036591［P］．2006.

［40］ Palamara T C，Wilson B A. Methods for producing sintered particles from a slurry of an alumina‐containing raw material：US，US7615172［P］．2009.

［41］ 李显文，周克仁．低密度陶粒—石油深井支撑剂填补国内空白［J］．中国陶瓷，1988，5：62.

［42］ 周生武，接金利．一种固体支撑剂及其制造方法．CN1046776A［P］．1990.

［43］ 许宏初，包小林，范龙俊．油气井压裂用固体支撑剂．CN1508390A［P］．2004.

［44］ 关昌烈，关越．高强度支撑剂的制造方法．CN289432C［P］．2005.

［45］ 接金利，周生武．高强度中密度压裂裂缝支撑剂［J］．石油钻采工艺，1991，13（4）：85‐90.

［46］ 陈烨，卢家喧．一种新型石油压裂支撑剂的研制［J］．贵州工业大学学报（自然科学版），2003，32（4）：24‐16.

［47］ 蔡宝中，徐海升．高强度耐酸支撑剂的研制与开发［J］．西安石油大学学报（自然科学版），2006，21（6）：76‐79.

［48］ 马雪，姚晓，陈悦．添加锰矿低密度高强度陶粒支撑剂的制备及作用机制研究［J］．中国陶瓷工业，2008（1）：1‐5.

［49］ 马雪，姚晓．高强度低密度陶粒支撑剂的制备及性能研究［J］．陶瓷学报，2008，29（2）：91‐95.

［50］ 刘军，高峰，吴尧鹏，等．白云石掺杂制备高强度压裂支撑剂及其机理探讨［J］．功能材料，2013，44（S1）：138‐141，148.

［51］ 刘洪礼，柴跃生，周毅，等．紫砂土制备压裂支撑剂的研究［J］．硅酸盐通报，2016（1）：97‐100.

［52］ Ma X，Tian Y，Zhou Y，Wang K，Chai Y，Li Z. Sintering temperature dependence of low‐cost，low‐density ceramic proppant with high breakage resistance［J］.

Mater Lett，2016，(180)：127 - 129.

[53] 高峰，吴尧鹏，刘军，等. 铬铁矿掺杂对压裂支撑剂结构与性能的影响 [J]. 无机材料学报，2013，28 (9)：116 - 117.

[54] 郭子娴，陈前林，喻芳芳. 高强度低密度陶粒支撑剂的研究 [J]. 中国陶瓷，2013 (3)：4.

[55] 李昕，李丹丹，王晋槐，等. 低成本石油压裂陶粒支撑剂的研究 [J]. 山东陶瓷，2016，39 (3)：6 - 9.

[56] 董丙响，蔡景超，李世恒，等. 新型低密度高强度水力压裂支撑剂的研制 [J]. 钻井液与完井液，2017，34 (2)：117 - 120，125.

[57] 刘云. 高强度陶粒支撑剂的研制 [J]. 陶瓷，2004，(5)：24 - 26.

[58] 高海利，游天才，吴洪祥，等. 高强石油压裂支撑剂的研制 [J]. 陶瓷，2006 (10)：43 - 46.

[59] 王晋槐，张玉军. 煤矸石对焦宝石基低密度高强度陶粒支撑剂性能的影响 [J]. 现代技术陶瓷，2016，37 (2)：138 - 144.

[60] 王晋槐，赵友谊，龚红宇，等. 石油压裂陶粒支撑剂研究进展 [J]. 硅酸盐通报，2010，29 (3)：633 - 636.

[61] 唐民辉，巴恒静. 油井压裂支撑剂的研制 [J]. 哈尔滨建筑大学学报，1995 (4)：73 - 76.

[62] 田小让. 新型赤泥陶瓷材料的探索研究 [D]. 桂林：桂林工学院，2008.

[63] 尹国勋，邢明飞，余功耀. 利用赤泥等工业固体废物制备陶粒 [J]. 河南理工大学学报 (自然科学版)，2008，27 (4)：491 - 496.

[64] 黄彪. 低密高强陶粒压裂支撑剂工艺技术研究 [D]. 太原：太原科技大学，2019.

[65] 张冕，池晓明，刘欢，等. 我国石油工程领域压裂酸化技术现状、未来趋势及促进对策 [J]. 中国石油大学学报 (社会科学版)，2021，37 (4)：25 - 30.

[66] Abass H H，Al - Mulhem A A，Alqam M H，Khan M R. Acid Fracturing or Proppant Fracturing in Carbonate Formation [R]. A Rock Mechanic's View Paper SPE，2006：41 - 52.

[67] 单文文，丁云宏. 油气藏改造技术新进展 [M]. 北京：石油工业出版社，2004.

[68] 何生厚. 复杂气藏勘探开发技术难题及对策思考 [J]. 天然气工业，2007，27 (1)：85 - 87.

[69] 先小洪，朱兆均，王小丽. 酸化技术联合加砂压裂技术的探讨 [J]. 化学工程与装备，2010 (9)：64 - 65.

[70] 杨永华，胡丹，黄禹忠. 砂岩储层增产新技术——酸压 [J]. 断块油气田，2006 (3)：78 - 80，94.

[71] 杨雪，袁旭，何小东，等．酸液溶蚀作用对支撑剂性能的影响［J］．断块油气田，2021，28（1）：68-71.

[72] 中国页岩气资源储量分布情况［OL］．http：//www. 360docs. net/doc/f84c11044 afe04a1 b071deec. html.

[73] Coulter G，Wells R. The advantages of high proppant concentration in fracture stimulation［J］．Journal of Petroleum Technology，1972，24（6）：643-650.

[74] 方宇飞，丁冬海，肖国庆，等．陶粒支撑剂的研究及应用进展［J］．化工进展，2022，41（5）：2411-2525.

[75] 何满潮，谢和平，彭苏萍，等．深部开采岩体力学研究［J］．岩石力学与工程学报，2005（16）：2803-2813.

[76] Breval E，Jennings J，Komarneni S，MacMillan N，Lunghofer E. Microstructure，strength and environmental degradation of proppants［J］．Journal of Materials Science，1987，22（6）：2124-2134.

[77] 罗纳德 A，麦考利，高南．陶瓷腐蚀［M］．北京：冶金工业出版社．2003.

[78] Carre A，Roger F，Varinot C. Study of acid/base properties of oxide，oxide glass，and glass-ceramic surfaces［J］．J Colloid Interface Sci，1992，154（1）：174-183.

[79] 徐平坤，董应榜．刚玉耐火材料［M］．北京：冶金工业出版社，1999.

[80] 陆小荣，朱永平．陶瓷工艺学［M］．长沙：湖南大学出版社，2005.

[81] 金格瑞，鲍恩，乌尔曼．陶瓷导论［M］．中国：高等教育出版社，2010.

[82] 海书杰．油页岩渣制备石油压裂支撑剂的研究［D］．北京：中国地质大学；2010.

[83] 刘冰．非金属矿制备低密度石油压裂支撑剂及其性能研究［D］．信阳：信阳师范学院，2017.

[84] 刘培东，张祥，周春梅．盘式造粒机的技术改进［J］．磷肥与复肥，2018，33（9）：47-48.

[85] 陈耀斌．高强度低密度陶粒压裂支撑剂的研究［D］．太原：太原理工大学，2017.

[86] 刘辉．石油支撑剂焙烧技术的研究［J］．四川冶金，2007，29（5）：49-52.

[87] 张联盟，黄学辉，宋晓岚．材料科学基础［M］．武汉：武汉理工大学出版社，2004.

[88] 赵志曼，张建平，虞波，等．土木工程材料［M］．北京：北京大学出版社，2012.

[89] 压裂支撑剂性能指标及测试推荐方法 SY/T5108-2006［S］．国家发展和改革委员会，2007.

[90] 晋勇．X 射线衍射分析技术［M］．北京：国防工业出版社，2008.

[91] 黄继武，李周．多晶材料 X 射线衍射：实验原理、方法与应用［M］．北京：冶金工业出版社，2012.

［92］周志朝，杨辉，朱永花．无机材料显微结构分析［M］．杭州：浙江大学出版社，2000．

［93］刘庆锁，孙继兵，陆翠敏，等．材料现代测试分析方法［M］．北京：清华大学出版社，2014．

［94］尹衍升．氧化铝陶瓷及其复合材料［M］．北京：化学工业出版社，2001．

［95］孟博，马廉洁，陈景强，等．氧化铝陶瓷在腐蚀环境下的摩擦磨损性能［J］．轴承，2021（2）：19－23．

［96］赵兵，李丹，赵锋，等．99氧化铝陶瓷在不同应变率下的破碎特性［J］．高压物理学报，2021，35（1）：77－86．

［97］朱宁．氧化锆、氧化铝陶瓷的耐腐蚀性能［J］．陶瓷科学与艺术，2005，39（2）：30－33．

［98］Fang Q，Sidky P，Hocking M. The effect of corrosion and erosion on ceramic materials［J］. Corros Sci，1997，39（3）：511－527.

［99］何舜，高晓磊，李爽，等．氧化铝陶瓷低温烧结助剂研究概述［J］．陶瓷，2020（8）：12－15．

［100］赵艳荣．高档石油压裂支撑剂耐酸性的探索研究［D］．桂林：桂林工学院，2010．

［101］花开慧，赵静，陈湜满，等．添加剂法低温烧制氧化铝陶瓷进展［J］．材料研究与应用，2015，9（4）：211－215．

［102］夏清，严运，严小艳，等．烧结助剂对95氧化铝瓷性能的影响［J］．硅酸盐通报，2014，33（2）：266－270．

［103］Smothers W，Reynolds H. Sintering and grain growth of alumina［J］. J Am Ceram Soc，1954，37（12）：588－595.

［104］吴振东，叶建东．添加剂对氧化铝陶瓷的烧结和显微结构的影响［J］．兵器材料科学与工程，2002，25（1）：68－72．

［105］陈禧．低摩擦高耐磨高纯氧化铝陶瓷的制备研究［D］．武汉：华中科技大学，2011．

［106］张玉军，张伟儒．结构陶瓷材料及其应用［M］．北京：化学工业出版社，2005．

［107］李悦彤，杨静．氧化铝陶瓷低温烧结助剂的研究进展［J］．硅酸盐通报，2011，30（6）：1328－1332．

［108］斯温．陶瓷的结构与性能［M］．北京：科学出版社，1998．

［109］黄刚，吴顺华，张宝林，等．低温烧结BaO－TiO₂－ZnO系陶瓷的研究［J］．电子元件与材料，2010，29（12）：52－55．

［110］Schacht M，Boukis N，Dinjus E. Corrosion of alumina ceramics in acidic aqueous solutions at high temperatures and pressures［J］. Journal of Materials Science，

2000，35（24）：6251－6258.

[111] 赵士鳌. 无硅、低硅陶粒石油压裂支撑剂耐酸性的研究［D］. 桂林：桂林理工大学，2011.

[112] Qin W, Lei B, Peng C, Wu J. Corrosion resistance of ultra－high purity porous alumina ceramic support［J］. Mater Lett, 2015（144）：74－77.

[113] Ćurković L, Jelača, Kurajica S. Corrosion behavior of alumina ceramics in aqueous HCl and HSO solutions［J］. Corros Sci, 2008，50（3）：872－878.

[114] Ćurković, Jelača M F. Dissolution of alumina ceramics in HCl aqueous solution［J］. Ceram Int, 2009，35（5）：2041－2045.

[115] Mikeska K R, Bennison S J, Grise S L. Corrosion of Ceramics in Aqueous Hydrofluoric Acid［J］. J Am Ceram Soc, 2000，83（5）：1160－1164.

[116] 程金树，裘慧广，汤李缨. F、P_2O_5 对钙铝硅系微晶玻璃烧结和析晶的影响［J］. 武汉理工大学学报，2009，31（12）：39－42.

[117] Guangqi Liu L M, Jie Liu. Handbook of chemical and engineering property data［M］. Beijing：Chemical Industry Press，2002.

[118] 曲海波，程逵. 氟磷灰石材料及其在生物医学方面的应用［J］. 硅酸盐通报，2000，19（5）：52－56.

[119] Dekker R A M. Corrosion of Ceramics［M］. New York：M. Dekker，1994.

[120] 顾少轩，赵修建. 陶瓷的腐蚀行为和腐蚀机理研究进展［J］. 材料导报，2002，16（6）：42－44.

[121] 李欢欢. 低质铝矾土的性能及应用研究［D］. 西安：陕西科技大学，2018.

[122] 闫森旺. 高温煅烧矾土均质熟料对材料结构与性能影响的研究［D］. 郑州：郑州大学，2018.

[123] 牟军，薛屺，董朋朋，等. 铝矾土空心陶粒支撑剂的制备及性能研究［J］. 人工晶体学报，2017，46（7）：1244－1249.

[124] Yan D, He J, Li X, Liu Y, Zhang J, Ding H. An investigation of the corrosion behavior of Al_2O_3－based ceramic composite coatings in dilute HCl solution［J］. Surf Coat Technol, 2001，141（1）：1－6.

[125] 袁翠，陈成，李蔚. TiO_2/MgO 共掺对 99 氧化铝瓷结构和微波介电性能的影响［J］. 中国陶瓷，2019，55（10）：41－45.

[126] 王珍，党新安，张昌松，等. 影响氧化铝陶瓷低温烧结的主要因素［J］. 中国陶瓷，2009，45（6）：24－27.

[127] Chi M, Gu H, Qian P, Wang X, Wang P. Effect of TiO_2－SiO_2 distribution on bimodal microstructure of TiO_2－doped α－Al_2O_3 ceramics［J］. Zeitschrift für

Metallkunde，2005，96（5）：486 - 492.

[128] Chi M，Gu H，Wang X，Wang P. Evidence of Bilevel Solubility in the Bimodal Microstructure of TiO$_2$ - Doped Alumina [J]. J Am Ceram Soc，2003，86（11）：1953 - 1955.

[129] Harle V，Vrinat M，Scharff J，Durand B，Deloume J. Catalysis assisted characterizations of nanosized TiO$_2$ - Al$_2$O$_3$ mixtures obtained in molten alkali metal nitrates：Effect of the metal precursor [J]. Applied Catalysis A：General，2000，196（2）：261 - 269.

[130] Hoffmann S，Norberg S T，Yoshimura M. Structural models for intergrowth structures in the phase system Al$_2$O$_3$ - TiO$_2$ [J]. J Solid State Chem，2005，178（9）：2897 - 2906.

[131] Qi H，Fan Y，Xing W，Winnubst L. Effect of TiO$_2$ doping on the characteristics of macroporous Al$_2$O$_3$/TiO$_2$ membrane supports [J]. J Eur Ceram Soc，2010，30（6）：1317 - 1325.

[132] 沈理达，王东生，黄因慧，等. Al$_2$O$_3$ - TiO$_2$纳米团聚颗粒及其激光烧结体微观形貌 [J]. 机械工程材料，2009，32（10）：40 - 43.

[133] Shiao Z，Bolin W，Shuo Q. Effect of barium aluminates on acid resistance of fracturing proppants [J]. Manufacturing Science and Technology，2010，1（1）：179 - 201.

[134] 黄丽芳，郑治祥，吕珺，等. 以 MnO$_2$ - TiO$_2$ - MgO 为添加剂注浆成型低温烧结 Al$_2$O$_3$陶瓷 [J]. 硅酸盐通报，2008，27（1）：77 - 81.

[135] 史国普，王志，侯宪钦. 低温烧结氧化铝陶瓷的动力学研究 [J]. 硅酸盐通报，2008，26（6）：1112 - 1115.

[136] 王欣，程一兵. TiO$_2$和 MgO 微量添加剂对 Al$_2$O$_3$陶瓷烧结致密化的影响 [J]. 无机材料学报，2001，16（5）：979 - 984.

[137] 高如琴，王健东. MgO 对 Al$_2$O$_3$瓷性能的影响 [J]. 现代技术陶瓷，2000，21（3）：23 - 26.

[138] 王思钱，王薇，杜若茜，等. MgO 和 TiO$_2$烧结助剂对凝胶注模成型氧化锆增韧氧化铝陶瓷性能的影响 [J]. 华西口腔医学杂志，2009，27（3）：335 - 343.

[139] 王新元，尹显森. MgO 对 95Al$_2$O$_3$瓷性能的影响 [J]. 陶瓷工程，1997，31（2）：20 - 23.

[140] 张联盟，余茂黎，李立新. Al$_2$O$_3$ · TiO$_2$ - MgO · 2TiO$_2$复合物系陶瓷的结构与性能 [J]. 武汉工业大学学报，1990（3）：12 - 19.

[141] Sarkar R，Bannerjee G. Effect of addition of TiO$_2$ on reaction sintered MgO - Al$_2$O$_3$

spinels [J]. J Eur Ceram Soc，2000，20 (12)：2133 - 2141.

[142] Chen G H. Effect of replacement of MgO by CaO on sintering，crystallization and properties of MgO - CAl₂O₃ - CSiO₂ system glass - ceramics [J]. Journal of Materials Science，2007，42 (17)：7239 - 7244.

[143] 张伟民，李宗田，李庆松，等. 高强度低密度树脂覆膜陶粒研究 [J]. 油田化学，2013，30 (2)：189 - 192，220.

[144] 李灿然，李向辉，逯永周，等. 压裂支撑剂研究进展及发展趋势 [J]. 陶瓷学报，2016，37 (6)：603 - 607.

[145] 周少鹏，田玉明，陈战考，等. 陶粒压裂支撑剂研究现状及新进展 [J]. 硅酸盐通报，2013，32 (6)：1097 - 1102.

[146] 赵俊，严春杰，栾英伟，等. 含焦宝石的陶瓷支撑剂的制备及性能 [J]. 中国粉体技术，2010，16 (3)：78 - 81.

[147] Ma X，Yao X. Preparation and mechanisms of light - weight high - strength ceramisite proppant [J]. Journal of Ceramics，2008，29 (2)：91 - 95.

[148] 杨双春，佟双鱼，李东胜，等. 低密度支撑剂研究进展 [J]. 化工进展，2019，38 (9)：4264 - 4274.

[149] 孙海成，胥云，蒋建方，等. 支撑剂嵌入对水力压裂裂缝导流能力的影响 [J]. 油气井测试，2009，18 (3)：8 - 10.

[150] 王雷，张士诚，张文宗，等. 复合压裂不同粒径支撑剂组合长期导流能力实验研究 [J]. 天然气工业，2005，25 (9)：64 - 66.

[151] 金智荣，郭建春，赵金洲，等. 不同粒径支撑剂组合对裂缝导流能力影响规律实验研究 [J]. 石油地质与工程，2008，21 (6)：88 - 90.

[152] 高陇桥. 活化 Mo - Mn 法金属化机理——MnO·Al₂O₃ 物相的鉴定 [J]. 真空电子技术，1993 (3)：1 - 4.

[153] 尖晶石，碳化，结焦. Mn - Cr - O 和 Mn - Al - O 尖晶石碳化行为研究 [J]. 中国腐蚀与防护学报，2011，31 (1)：18 - 21.

[154] 金胜利，李亚伟，向涛，等. 一种合成锰铝尖晶石的方法 [P]. 中国. 2008.

[155] Bae S I，Baik S. Determination of Critical Concentrations of Silica and/or Calcia for Abnormal Grain Growth in Alumina [J]. J Am Ceram Soc，1993，76 (4)：1065 - 1067.

[156] Baik S，Moon J H. Effects of Magnesium Oxide on Grain - Boundary Segregation of Calcium During Sintering of Alumina [J]. J Am Ceram Soc，1991，74 (4)：819 - 822.

[157] 顾皓. 氧化铝陶瓷低温烧结与裂纹自愈合研究 [D]. 合肥：合肥工业大学，2009.

[158] Coble R L. Sintering Crystalline Solids. II. Experimental Test of Diffusion Models in Powder Compacts [J]. J Appl Phys，1961，32 (32)：1049 - 1055.

[159] Bennison S J，Harmer M P. Effect of MgO Solute on the Kinetics of Grain Growth in Al_2O_3 [J]. J Am Ceram Soc，1983，66（5）.

[160] Nightingale S A，Monaghan B J. Kinetics of Spinel Formation and Growth during Dissolution of MgO in $CaO-Al_2O_3-SiO_2$ Slag [J]. Metallurgical and Materials Transactions B，2008，39（5）：643-648.

[161] Ngashangua S，Vasanthavel S，Ponnilavan V，Kannan S. Effect of MgO additions on the phase stability and degradation ability in $ZrO_2-Al_2O_3$ composite systems [J]. Ceram Int，2015，41（3）：3814-3821.

[162] 白军信，李宏杰，张志旭，等. 添加剂对氧化铝陶瓷性能的影响 [J]. 陶瓷，2014（10）：9-16.

[163] 程诚，纪箴，贾成厂，等. MgO 和烧结温度对 Al_2O_3 陶瓷致密化过程的影响 [J]. 粉末冶金技术，2015，33（4）：275-280，284.

[164] 孙阳，徐鲲濠，孙加林，等. MgO 烧结助剂对氧化铝多孔陶瓷结构和性能的影响 [J]. 硅酸盐学报，2015，43（9）：1255-1260.

[165] Pillai S K C，Baron B，Pomeroy M J，Hampshire S. Effect of oxide dopants on densification，microstructure and mechanical properties of alumina-silicon carbide nanocomposite ceramics prepared by pressureless sintering [J]. J Eur Ceram Soc，2004，24（12）：3317-3326.

[166] 刘银，郑林义，邱轶兵. 无机非金属材料工艺学 [M]. 合肥：中国科学技术大学出版社，2015.

[167] 张天蓝，姜凤超. 无机化学 [M]. 第7版. 北京：人民卫生出版社，2016.

[168] 李梅. 稀土元素及其分析化学 [M]. 北京：化学工业出版社，2009.

[169] 尹月，马北越，厉英，等. 稀土氧化物在陶瓷材料中的应用研究新进展 [C]. 第十三届全国不定形耐火材料会议和 2015 年耐火原料学术交流会论文集（1），2015：72-79.

[170] Guanming Q，Xikum L，Tai Q，Haitao Z，Honghao Y，Ruiting M. Application of rare earths in advanced ceramic materials [J]. Journal of Rare Earths，2007，25（7）：281-286.

[171] 董世知，马壮，潘锐，等. 稀土氧化物在陶瓷涂层中的应用 [J]. 电镀与涂饰，2012，31（2）：76-80.

[172] 王士维. 稀土在精细陶瓷领域的应用 [C]. 2013 中国稀土论坛，2013：117-123.

[173] 刘建红，郜剑英，彭雪. 氧化铝陶瓷低温烧结技术的探讨 [J]. 真空电子技术，2012（4）：52-54.

[174] 邓毅超. Eu^{3+}、La^{3+} 对氧化铝陶瓷结构与性能的影响 [D]. 苏州：苏州大

学；2009.

[175] 姚义俊，丘泰，焦宝祥，等. Y_2O_3，La_2O_3，Sm_2O_3 对氧化铝瓷烧结及力学性能的影响 [J]. 中国稀土学报，2005，23（2）：158 - 161.

[176] Fang J，Thompson A M，Harmer M P，Chan H M. Effect of Yttrium and Lanthanum on the Final - Stage Sintering Behavior of Ultrahigh - Purity Alumina [J]. J Am Ceram Soc，1997，80（8）：2005 - 2012.

[177] 黄良钊. 含钇氧化铝陶瓷的制备及性能研究 [J]. 长春光学精密机械学院学报，1999，22（1）：5 - 7.

[178] Sata E，Carry C. Yttria Doping and Sintering of Submicrometer - Grained α - Alumina [J]. Journal of America Ceramic Socity，1996，79（8）：2156 - 2160.

[179] Galusek D，Ghillányová K，Sedlá ček J，Kozánková J，Šajgalík P. The influence of additives on microsctrucutre of sub - micron alumina ceramics prepared by two - stage sintering [J]. J Eur Ceram Soc，2012，32（9）：1965 - 1970.

[180] 高胜利，何水样. 重稀土水合硝酸盐热分解研究 [J]. 中国稀土学报，1990，8（3）：277 - 278.

[181] 高胜利，杨祖培. 中稀土水合硝酸盐热分解研究 [J]. 中国稀土学报，1990，8（2）：110 - 113.

[182] 苏春辉，肖璇. 稀土氧化物在 Al_2O_3 透明陶瓷晶界浓度分布的非平衡态热力学分析 [J]. 硅酸盐学报，1998，26（6）：802 - 807.

[183] Mccune R C，Donlon W T，Ku R C. Yttrium Segregation and YAG Precipitation at Surfaces of Yttrium - Doped α - Al_2O_3 [J]. J Am Ceram Soc，1986，69（8）：C - 196 - C - 9.

[184] Loudjani M，Huntz A，Cortes R. Influence of yttrium on microstructure and point defects in α - Al_2O_3 in relation to oxidation [J]. Journal of materials science，1993，28（23）：6466 - 6473.

[185] Cawley J D，Halloran J W. Dopant Distribution in Nominally Yttrium - Doped Sapphire [J]. J Am Ceram Soc，1986，69（8）：C - 195 - C - 6.

[186] Gruffel P，Carry C. Effect of grain size on yttrium grain boundary segregation in fine -grained alumina [J]. J Eur Ceram Soc，1993，11（3）：189 - 199.

[187] Moya E，Moya F，Lesage B，Loudjani M，Grattepain C. Yttrium diffusion in α - alumina single crystal [J]. J Eur Ceram Soc，1998，18（6）：591 - 594.

[188] Thompson A M，et al. Dopant distributions in rare earth doped alumina [J]. J Am Ceram Soc，1997，80（2）：373 - 376.

[189] Takigawa Y，Ikuhara Y，Sakuma T. Grain boundary bonding state and fracture

energy in small amount of oxide - doped fine - grained Al_2O_3 [J]. Journal of Materials Science，1999，34（9）：1991 - 1997.

[190] West G，Perkins J，Lewis M. The effect of rare earth dopants on grain boundary cohesion in alumina [J]. J Eur Ceram Soc，2007，27（4）：1913 - 1918.

[191] Noguchi T，Mizuno M. Liquidus Curve Measurements in the System Y_2O_3 - Al_2O_3 [J]. Journal of the Society of Chemical Industry Japan，1967，70（6）：834 - 839.

[192] 严茂伟，程西云，张建锋. La_2O_3 对氧化铝/高岭土复合定向多孔陶瓷性能的影响 [J]. 人工晶体学报，2016，45（3）：803 - 807.

[193] 殷剑龙，王修慧，张野，等. 烧结助剂对高纯氧化铝陶瓷致密化过程的作用 [J]. 稀土，2014，35（5）：16 - 20.

[194] 毛征宇，徐健建，颜建辉. 稀土 La_2O_3 对 Y_2O_3 - ZrO_2 烧结行为和力学性能的影响 [J]. 热加工工艺，2015，44（2）：62 - 65.

[195] Wu P，Pelton A D. Coupled thermodynamic - phase diagram assessment of the rare earth oxide - aluminium oxide binary systems [J]. Journal of Alloys & Compounds，1992，179（1 - 2）：259 - 287.

图书在版编目（CIP）数据

耐酸陶粒压裂支撑剂研究 / 吴婷婷，张亚奇，吴伯麟著. —北京：中国农业出版社，2022.6
ISBN 978-7-109-29729-6

Ⅰ.①耐…　Ⅱ.①吴…②张…③吴…　Ⅲ.①陶粒—压裂支撑剂—研究　Ⅳ.①TE357.1

中国版本图书馆 CIP 数据核字（2022）第 124221 号

中国农业出版社出版

地址：北京市朝阳区麦子店街 18 号楼
邮编：100125
责任编辑：赵　刚
版式设计：王　晨　　责任校对：吴丽婷
印刷：北京中兴印刷有限公司
版次：2022 年 6 月第 1 版
印次：2022 年 6 月北京第 1 次印刷
发行：新华书店北京发行所
开本：720mm×960mm　1/16
印张：11.25
字数：200 千字
定价：68.00 元
